我们就是喜欢这样的建筑

The Architecture We Love

俞挺 著

山东画报出版社
济 南

图书在版编目（CIP）数据

我们就是喜欢这样的建筑 / 俞挺著. —济南：山东画报出版社，2024.5

ISBN 978-7-5474-4858-8

Ⅰ. ①我… Ⅱ. ①俞… Ⅲ. ①建筑艺术—介绍—上海 Ⅳ. ①TU-862

中国国家版本馆CIP数据核字(2024)第065478号

WOMEN JIUSHI XIHUAN ZHEYANG DE JIANZHU

我们就是喜欢这样的建筑

俞 挺 著

责任编辑 刘 丛

版式设计 王 芳 张智颖 刘悦桢

封面设计 七月合作社

图片摄影 CreatAR Images Seven W 胡义杰 苏圣亮 邵 峰 侯 之

主管单位 山东出版传媒股份有限公司

出版发行 山東畫報出版社

社 址 济南市市中区舜耕路517号 邮编 250003

电 话 总编室（0531）82098472

市场部（0531）82098479

网 址 http://www.hbcbs.com.cn

电子信箱 hbcb@sdpress.com.cn

印 刷 济南新先锋彩印有限公司

规 格 170毫米×240毫米 32开

9.5印张 87幅图 190千字

版 次 2024年5月第1版

印 次 2024年5月第1次印刷

书 号 ISBN 978-7-5474-4858-8

定 价 78.00元

序言

看，那个穿全金属外壳的局外人

文 / 费里尼

不知道这本书里有没有收他的照片。在我看来，这个人所有的官方定妆照都有点装。为了避免不必要的联想，我得赶紧写出他的名字——俞挺。

最近十年我们互相对外的介绍都是：我的好友。

不知从哪天起，一贯戴呢帽的俞先生忽然穿起了三宅一生。皱巴巴的合成料作，像旧式胶片相机的皮腔般展开包裹在身。那也是我为数不多的可以一眼认得的衣装品牌。在冬天，一条紫色围巾的一头还会从毛衣领口直伸出去，再从腰部钻出来。有一天，围巾的两头竟然都很老实地待在了毛衣的外边。我问，是你家尼尼很戳气（上海方言，嫌弃）你的围巾穿戴法对吧。他很惊讶，讲：侬哪能晓得。

在和他认识已经超过二十年的今天，我决定为他写一篇长一点的文章。鉴于前几日我们已经口头指定对方为自己追悼会悼词的撰稿人，本文的一部分内容，将作为未来我文稿的有机组成（如果我迟挂）——如果情形正好相反，那就麻烦俞先生另行撰文。

正文分几个部分，大致为：俞挺是个怎样的人；他做了哪些有意思的事情；他对上海（上海对他）的意义在哪里；我对他的期许。

圈中的局外人 & 胆小的普通人

一个上海深度爱好者，跑去北京读了五年建筑，然后逃了回来。在他的自述里，人们经常听到这样的故事。我的高中同桌，早俞先生一年进清华读书，当年他的母亲每月都会给他邮寄磁带，里边是每天上海广播电台里音乐节目的录音，1990 年代初北京的流行音乐广播还是一片荒漠。同在清华园，俞先生想必也感受了类似的文化苦闷。

人设，是俞先生最在意的。曾有他的女下属问我，如果“俞挺”是一个动词，会是什么？

我说，“俞挺”作为形容词的时候更多吧。伊讲：形容词不煞根（上海闲话，厉害）。

哦，动词的话我选“扮演”，他沉醉在自己的人设里，努力扮演，乐此不疲。

对方听了沉默几秒钟，讲：难怪俞老师很累啊。

人类所有的累，心累第一。

造化弄人，最近十年俞挺行走江湖，声名日隆，身在圈内又似在局外。学院派的傲娇，后劲多少有一点。每逢吐槽，我总是安慰：朝野朝野，取一头就好，甘蔗没有两头甜。最初几年，他还忿于“网红”的头衔，这几年终于不再挣扎。黑红尚且是红，何况是真红。

真红，也真胆小。我常开玩笑，说俞挺是我见过最不适合（其实也是最没办法）在外面胡闹的男人，因为他心虚，回去只要太太乌珠一瞪，立马招供。

写到这里我顿悟：这是多么高级的一种自我防御机制啊。

圈内的局外人，胆小的普通人。这是俞挺的一体两面，也是目前最安全的一种人设。我将其视为俞挺的“全金属外壳”，犹如他近期在金桥的作品——铜堡。外壳至刚至强，内里自可沟壑万千重。因为局外，行事不必过于拘泥圈中成规；因为胆小，牌子做出来，闲言碎语亦可退散。这是个高手。

最近一年经我规劝，他在豆瓣上也不和人吵架了。真是何必呢，人到中年再打打杀杀过于孟浪。十年前，当我们失联多年重新接上关系的时候，我给他的新书写了一篇文章，其中最击中他的那句话是：（俞挺）常常有意无意放大其实人畜无害的攻击性。

他求爽，口舌之快甚于一切，却因此不察生命中的潜流。他有他旺盛的力比多需要释放。

他的英文ID叫shanghailander，中文曰上海地主，其实直译应该是“上海开拓者”。地主的概念过于守成，而开拓者是生猛的。

在过去十年，他的生猛改变了这个城市的部分天际线。

一名地主最宝贵的品质：在地性

如果真的是地主，他存在的价值也恰巧是“在地性”。熟知乡村的地主和士绅对基层的治理，保证了文脉之延绵。

俞挺最近十年在上海城市更新的深耕，留下作品众多，而且无一例外地成为城市文化传播领域最有流量的打卡地。早些年我说他是最懂传播的建筑师，他还有点保留意见，最近几年的心路历程不知如何了。但感觉他很享受海量传播的乐趣。

所以，当前文说起的那个女下属让我用一个词标记俞挺的建筑作品时，我选了“蜈蚣”：自带很多传播之足，天生为内容而生。

他首先是一个内容人，而不是建筑师。他的作品在传播领域的影响力，其实完全够格作为新闻学院的研究课题。一个懂内容、会来事、晓得起漂亮标题的建筑师最让其他码字人羡慕的地方在于，他不仅可以坐而论道，而且还可以把对城市的理解，把他的“上海性”以具象的建筑和空间改变的方式呈现出来——同样起誓改变城市天际线，我的天际线在纸上，俞挺的天际线在天际线上。

随便抓几件说一下他的作品吧。这一件很轰动，但我还没去过——上海地铁 15 号线吴中路站。

第一眼看到实景图，我就知道，成了。果然，俞先生兵不血刃——“全上海最漂亮的地铁站”全网风行。当然也是事实。在最庸常的生活里赋予梦幻感，这个设计思路和全世界所有主题乐园的设计理念并无二致。问题只在于，他是第一个在上海地铁里这么干的。

将城市改革开放的建设成就以一种猝不及防的方式给生活其间的人们“剪径”，谁不喜欢这样的“打劫”呢。

俞挺说：这个站台厅就是一个上海人，上海特别亮，到处都有光，我觉得只要我站在光里，我就能够虚张声势，我就能够咬着牙，我活得特别坚强，这么多年我都过来了，我受了这么多的苦，我受了这么多的气，我觉得我什么都不怕。

看来我得去一次了，听他的设计表达，上海的清爽、挺括和笃定、分寸，在这个设计里随处可见。

还有一件，今年元旦期间大火的徐家汇书院。

电影《死亡诗社》里讲：文字和思想能改变世界。

当然，魔法也能。

几年前就知道俞挺在弄徐家汇书院的项目，当时还不叫徐家汇书院。英国的大卫·奇普菲尔德事务所最初完成的是一个书店的设计，后来书店退出，这个建筑便在完成外立面和土建之后空置。在经历了第二家书店的退出之后，这栋建筑才被确定为徐汇区图书馆的新址并最终名之为徐家汇书院。

受《地下世界》（*Underland*）一书中掩埋废料的启发：人们把废弃铀芯块封在锆棒里，锆棒封在铜柱里，铜柱封在铁缸里，铁缸包在膨润土浆里，最后将它们存储在地下深处的岩层里，放入数千米深的片麻岩、花岗岩或岩盐之中。俞挺将人类社会收藏重要物品的普遍程序，在徐家汇书院的内部建筑中做了层层嵌套的“中国套盒”式结构。

一个来源于中国传统的子奁盒设计横空出世。套盒的最外层是大卫·奇普菲尔德事务所设计的外立面，内里却另有乾坤，鉴于以下内容过于繁复，请自行查看《徐家汇书院是魔法》一文。

俞挺的“全金属外壳”除了金桥的铜堡，还有福州路的“钢雨”。建筑师给自己的作品起对子，任性。

雨柔，钢硬，两个拧巴的意象混为一体。俞挺解释是受《黑客帝国》的启发。这部电影充满隐喻、象征，甚至诅咒。在它上映后的二十五年里，许多预言已经坐实，让人们瑟瑟发抖又欢欣鼓舞。尼奥的绿色数字是滂沱大雨，每个人都在雨中。进入大堂前先淋一场超现实主义的雨中曲，而掀开雨帘后则会发现似乎进入了一爿口袋公园，其他的我不剧透了，到时候你们去现场看吧。

还有一个新作品不得不提，是俞挺为我们共同的朋友 Z 先生设计的上海历史博物馆满坡栗咖啡馆。这个咖啡馆开业几个月了，非常火爆，平时去没座。建在原来跑马厅马厩里的这间咖啡馆最惊艳的地方是俞挺在设计时把广场建筑的外立面朝里面“折叠”为咖啡馆的内墙。很有点末世地堡内的罗马西班牙广场的调调。咖啡馆有广场，也有许愿池。俞挺说，这间咖啡馆是他设想的微型城市的一个碎片。如果把此地放大万倍十万倍，就是他理想的城市——上海。

俞挺的幻想很具象：满坡栗咖啡馆满足了他年轻时的愿望，就是让役所广司或者阿尔·帕西诺在这里即兴跳一段探戈。

我的疑惑也很具象：为什么跳舞的不是苏菲·玛索或者莫妮卡·贝鲁奇？

“满坡栗咖啡馆可以展示日夜交替的城市的生活方式，是我的某个上海的片段。我曾经一度失去对城市的信心，也因为在病床上挣扎而唉声叹气。可是当我推开厚重的黑色大门，那个熟悉而勇敢的上海扑面而来。它一直活着。”俞挺说。

上海和俞挺，彼此善待的搭档

小标题是我的期许。其实不光是俞挺，还有很多为改变上海的城市天际线做出过自己微小努力的人，都应该被善待。我们大多数人出生于此，大概率还会在此地老去直至死亡，我们没有其他更多的退路。

我们真心地以自己的方式爱着上海。有时我们不得不披上一件全金属外壳，并不在于可以如何凶猛地防御，而是摆出某种姿态，为恪守底线。

前几日看俞挺朋友圈，他居然开始设计椅子了，说是为腰伤者设计的，在座深、握把和高度上都根据自己腰疼时的体验做了调整。俞挺端坐在椅子上，表情藏在呢帽的阴影里。这个清华时期体重达190斤的前学校棒球队队员小腹已经微微凸出。

衷心希望俞挺和我这样的“内容人”，能够为城市提供更多养分——是责任，也算反哺。也希望有更多的人，低头生活，抬头看路。在需要拿出勇气的时候，不牵丝攀藤，也不脱头落襻。

每个人灵魂深处的储物间里，都藏着一件全金属外壳。

目 录

建筑能靠想象力 **创造**

一个全新的世界。

上海建筑师就先做做上海的事情吧！

建筑史和艺术史就是一个大规模的淘汰史。我们现在看到的所谓当下了不起的建筑，也许过几年就被遗忘了。

每次普利兹克奖的颁奖词听上去就像是悼词。不过事实证明，普利兹克奖的颁奖词确实是“悼词”，拿了奖的这些人，之后几乎就再也没有新的杰作产生。他们好像被普利兹克奖下了魔咒。这十几年来，我再也没有看到有更激动人心的建筑出现。与此相对的是有更激动人心的口号和 PPT 不断出现。

在通往成名的捷径上，挤满了各种精致的机会主义者。他们和我们的区别，不过是网红和网民的差异而已。

我，一个理科生，我想先来做一个建筑学和创新的评价体系。从去年开始，我遇到很多互联网的朋友，他们上来第一句话就是：我们要进行颠覆性的革命。可惜他们做的都是小把戏，连微创新都算不上。

以前没有的，现在有了，这叫革命；改变不同行业的原有面貌，这叫革新；在行业内建立一种新的普遍有效的知识，改变行业的旧有格局，这叫刚性创新。有人问我，什么是建筑学的极限？重力。我们到现在都是以重心向下为主的。谁要是突破了这个极限，那就是革命。又假设有一种新的建筑材料，比钢结构跨度要大一倍，施工时间可以缩短一半，造价省一半，那么建筑学面貌就会被全部改变，这叫刚性创新。建筑历史上谁是刚性创新？密斯、柯布西耶，他们适逢其会在一个建筑工业发生巨变的奇点上成为代表性人物。这是创新量尺。

刚性创新以上是分母，分子只能是创新，如果从对视觉的影响来看，形态的加权比重高于空间，空间高于色彩，色彩高于肌理，再高于材料。这个材料指的是装饰材料，不是指结构性材料。单个子项上做到形状、空间、色彩、肌理、材料的创新，其实并不足够。如果把这一系列能够归纳出可以复制的手法，那么在创新上就上了一个层级，那就是形式。通过鲜明的形式语言形成可以标识的个人风格，比如说弗兰克·盖里，那么说明他在建筑学的特殊知识上占据了有效的领域。如果很多人向他学习，在学校教授他的知识并发展出新的知识，就形成了学派，那么说明他的影响力逐渐从个人特殊知识走向了普遍有效知识。如果进一步形成主义，那么毫无疑问要么是刚性创新，要么就是传统普遍有效知识的深入创新。很明显，柯布西耶既是野兽主义，又是国际主义，两个主义在手；密斯有第二典雅主义在手。这些主义的代表人物，与我们现在说的只有个人风格的弗兰克·盖里，历史地位的区别不言自明。这是建筑学的游标卡尺。

建筑的“对偶”和上海的“影子”

那么我要做什么？基于复杂系统范式下的实践。我希望我的建筑是一个复杂系统。它与外界的关系是复杂的，可以去消灭、侵蚀，可以去攻击，也可以防守。但它的外观应该具有双重主体性的极简主义。这句话我是套用著名哲学家赵汀阳的话，就是建筑师看到的外在世界，一方面是建筑师创造的自足世界；一方面我希望我创造的建筑世界与自然世界是相互印证的，建筑之形与自然之形交汇就是形而上和形而下的交汇，因此具有特殊性和普遍性，既有当代的追求，也有永恒的吸引力。

我崇拜的建筑师是密斯。但是即便我学他学得非常像时，内心都会产生一种排斥。直到看到赵汀阳老师的书中提到的“双重主体性”，才解开了我的疑惑。我们中国人是最双子座的，既想浪漫，又想理性。我们嘴上说鱼和熊掌不可兼得，说明孟夫子老早就知道我们本质是鱼和熊掌都想兼得的。所以，一个生活在汉字中的中国心灵，总是有双重主体性。阴阳、动静、升降、快慢，我们总是用一组关系，来表达对事物的探讨。中国人一说山水，大家都已经脑补出了这个场景。但你跟一个外国人说mountain river，这词有什么意义？这就是我们中国在文化习惯上跟其他国家不一样的地方。

《长生殿》舞台空间

那么在修辞学上，最能体现中国人双重性的是什么？对偶。山和水、动和静之间都有的互动关系，所以我们中国人都是用一种变化的方法论在生存。中国以变化的方法论去生存，同时以变化的方法论去建构精神世界，这意味着，中国精神世界的元规则是方法而不是教义。所以，我吹嘘自己创新的方法是什么呢？是用对偶去建立我的建筑学关系。

上海有一个昆曲表演艺术家叫张军，他在浦西演出《牡丹亭》，利用的是上海古典园林课植园的实景。2012 年，上海有个大佬戴志康邀请我设计一个舞台，能表演《长生殿》。我就想，如果《牡丹亭》可以用实景，那我为什么不可以把这个舞台做成一个彻底的虚景？我就用帷幕把场地给隔起来，包括顶棚。等演出的时候，这些帷幕就落下来；不演出的时候，帷幕就升上去。灯光一亮，整个帷幕就会被灯光渲染成不同的颜色。对偶：动静，虚实；有光线，没光线；冷暖；有表演，没有表演。你突然发现对偶可成为你做事情的一组策略。这一道帷幕，就可以把这个场景的情绪全部调动起来。“一朝选在君王侧”，灯光就会变成带有金黄色的暖光，但是“渔阳鼙鼓动地来”的时候，灯光就会变冷，情绪变得紧张，高力士出现。到“宛转蛾眉马前死”时，所有的灯光都会变得惨白。这是创新，但不是刚性创新。

我们的建筑学所有的基础都来自希腊、罗马，而希腊、罗马的建筑是基于地中海的，那么炙热的阳光，像雕刻机一样，可以把建筑切出来。上海，整个七月份都是雨水。我们永远感觉不到像雕刻机一样的阳光，我们只感觉到影子把人都抹平了。我不想把光线做得非常有体积感，那我为什么不研究影子呢？

我在上海做了一个美术馆，保留的纯粹空间，就是“影子”的部分。这个墙在没有光线的时候，是实体；当夕阳如血，有光线以后，固体性就被消解掉，影子就会戏剧性地呈现。这是我的总结：我们对光不敏感，但是对影子敏感，我们对上下阕敏感。所以我现在做事情，总是要先找一个上阕，然后再找一个下阕，这时候我的房子通过对偶建立关系，就有了一

一个人的美术馆

种中国人的合理性。

现在我已经不关心别人用他们的标准来批评我。发现自己，何必从众？兜了一大圈，终于可以快快乐乐地做自己。作为双子座的上海人，我的性格让我一方面要扮演出非常热爱女性的形象，一方面我又对某些东西有不可压抑的爱好。那么如何在设计中把情欲和压制、释放和进攻、保守和开放体现出来呢？在改建张治中的故居时，我在院落的墙上装了一只艳蓝的眼睛。十二年前，我参观拙政园，发现在三十六鸳鸯馆前面居然是用彩色的蓝玻璃做的门，这个玻璃太好看了，它产生了实体感，因此我也把这个玻璃镶嵌在这里。我的朋友从这里看到了两种情绪，压抑和欲望。我说好，这恰恰是我的对偶。

我得出了一个中国人的审美经验，所有艰辛的训练思考和设计，最后都要以一种轻松的姿态呈现。

“九平方米的尊严”和“城市微空间改造”

在上海，我真正做的是两件事情。第一件是“九平方米的尊严”，是我帮助年轻人设计的。第二件是“城市微空间改造”，是我对上海的态度。

我认识一个女孩，她在上海市中心买了套房子，每个月还款六千块，如果她把房子租出去租金可以用来还款，但是就无法自住了。那怎么办呢？我帮她把南间设计成可以供 Airbnb 出租，把北间设计成自己住的小

二更之眼

二更之眼

房间。我告诉她，你只允许女性租房。因为造价比较省，所有的装饰都是用一些写在墙上的诗歌来点缀的，我最喜欢的一句是，“我赞美这不完美的世界。还有，迷途知返的柔光”。她现在每个月短租是八千块，还房贷有余。这样，年轻人在这个城市里就不会感觉被抛弃、被忽视、被伤害，而是有了自己的自豪感和尊严感。我创造了九平方米的尊严，作为上海人我很有自豪感。

平心而论，我们上海人，真的很倒霉，我在大学里还经常为自己是上海人辩解，得到的最高表扬就是，哎，你不像个上海人。但是我真的是个上海人，我也想为上海做点什么，我也希望每个到上海来的人不要对这个城市感到愤怒。如果能让上海变得更友善，作为上海人我就成功了。

我从去年开始做城市微空间改造，我希望这些被高速发展而遗忘的负面空间得以重生。记者称我为“上海梦想的改造家”，对于这个称呼，我以前会说“不好意思，不行”。现在发现，在网红时代只能这样，所以“谢谢，我接受”。

借用好友马良的名言“所有你们不相信的事情我都要一一去做一遍，亲自体验一下不可理喻的成功，或早已注定的失败”。

投一束光

2020 年 5 月底，我重新回到办公室工作。我们受委托要改建一个废弃的水塔。它是崇明前哨农场织布厂的基础设施遗存。在梳理背景的时候，一则以身堵漏的故事震撼了我。当时用地不足的农场每到冬闲都要围海造田。造田的第一步是围，建设堤坝。冬季的长江口，被当地人称之为拜年潮的潮水是最凶猛的。一旦潮水将堤坝击溃，那么这一年的围垦工作就荡然无存。在 1959 年围海时，堤坝上出现了溃孔，如果溃孔持续扩大，那堤坝就会崩塌而前功尽弃。这时候有一个叫陆静娟的女青年不顾寒冷，跳进了其中一个溃孔，用身体堵住了洞口，阻止了水从洞口继续漫涌。受她的影响，其他人也陆续跳进了其他的溃孔，阻止了溃坝，他们用身体，保全了这一片辛苦围垦得来的农田。

当普通人遇到不可抗的突发事件时，会绝望，脑子里是空白的，呼吸急促，甚至肢体会痉挛，大多数人都会惊恐地叫出来，但都束手无策，

凡人纪念堂夜景

等着危机把自己击碎。可是，陆静娟这么一个普通人，却挺身做了这么一件惊人的事。也许在她的人生中可能也只有这一次奋不顾身。但，就是这一次闪光时刻，她成了普通人的英雄。

如果我把水塔，从破败的遗址变成一个所谓的高级文艺的舒适生活场所，作为甲方最初定位的织布厂改建的酒店会议中心的配套，成为下午茶空间或者高级套房，那么就抹杀了这片土地上曾经有过的不平凡的记忆。由此，我决定把它改建成一个凡人纪念堂，纪念所有在绝望时刻做出英雄一击的普通人。这个想法得到甲方的认同，最后就是大家看到的这个作品。

当我讲述凡人纪念堂这个例子时，大家会发现，我没有运用建筑学常用的话语话术，比如风格、形式、文脉或者建构、材料、逻辑等。我讲的是感情，能够激起共鸣的感情。我们建筑学现在走到了一个死胡同。建筑学强调跟人有关系，但其实跟真实的人没有关系。大写的人是由无数的、有差异的个体即鲜明的、小写的人组成的。因为少即是多，所以建筑学讨论的这个“人”身上的感情和差异性不断地被剥离，最后变成一个非常单调的抽象人，连感情也是抽象的。而建筑师转而面对这个越来越复杂的世界的时候，建筑学的抽象人，特别不合时宜。无力的建筑师失去了勇气，缩头继续研究抽象的人，这就是内卷，结果，少即是无。建筑学要创新，但第一步不是风格，不是形式，不是其他什么我们建筑学已经习惯的东西，而是我们要重新去认识建筑学的意义，回到人这个原点。

人是有具体感情的。我与这种绝望产生了共鸣，创造了凡人纪念堂。这个项目其实被我搁置了两个月。4 月 6 日，我夫人因为癫痫发现乳腺癌脑转移。一开始医生断言她只有三个月生命时，震惊而绝望的我无法在不同的医疗方案中做出决定。是她，抓住我的手坚定地说“开刀”。开颅手术尽管伤害了她部分的语言和行动能力，但她健康地活了下来，留住了希望。因为疫情管控，我陪伴她在医院里封闭治疗了四十天。期间，我经历过绝望、挣扎、失望、喜悦和希望，所以我才能被陆静娟的行为所打动。也明白了，将历史遗迹拿来取悦所谓小资生活的这种举动，不过是虚假的情绪。陆静娟保住了大堤，夫人现在也很好。有时半夜醒来，看着熟睡的她，她的呼吸声有如甘霖，我才明白，人生有时需要奋力一击。于是我把水塔变成了光塔，越到上面越亮。登顶凡人纪念堂，你会看到远处地平线，是几代人留下的一条细长围垦的边界线，连绵不断，仿佛无数人站在水里，那就是“大海停止之处”，那就是希望。

这个世界是由事件组成的。绝望是一个独立事件，希望也是一个独立事件。但中国人会倾向于，把绝望和希望合在一起看成一个事件。好坏，高下，快慢，阴阳，生死，中国人习惯把两个性质相异的事件通过对偶变成一个事件。原来的两个独立事件，不过是对偶后一个事件的不同发展趋势，甚至两者之间，还可以互变。对偶变成了中国人不需要解释而能理解世界，并能互相共鸣的一种工具。当我说青山，大多数中国人都能够想到绿水。它们通过对偶一起表达了美丽的风景，以及对应的美好心情。而我对其他国家的人说青山的时候，他们会按照他们的文化习惯，沿着青山发展出其他不同于我们对偶所建立的看法。这种差异能够帮助我创作出不同于其他国家建筑师的作品。同时，对偶还能帮助我重新看待建筑学。通过对偶，我从建筑学的抽象人，注意到生活中的具体人，注意到具体人之间的差异，注意到个人和不同群体的丰富性。这样，具体人的行为就会触动我，由此创造出触动其他人的建筑。

塔顶风光

对偶还能帮助我发展出一组组成对的形式组合。在凡人纪念堂，外部独立的旧水塔，是空的朴素的砖石结构。而在内部，我用一个独立的新的华丽的金属的螺旋楼梯填实了这个空腔。内外，新旧，同时隐喻以身堵漏对偶在一起成为凡人纪念堂。我为什么用了那么多细钢管？它们看起来不太坚固，这是因为我觉得普通人的那么有力的一击，可能仅仅是人生中的偶发行为，普通人在其人生历程上大多很脆弱，这些细杆形成了一个不坚固但事实稳定的结构，来表达人生这种暂时灵光一现的状态。我通过对偶把设计完整地表达出来。在这个过程当中，我没有去思考建筑学惯用的陈词滥调是什么，什么乡土的材料、本地化的形式等，统统都没有。可我发现了这片土地上，曾经发生过的、独具特点的事件，由此作为设计的触发点，然后，通过对偶建立了一系列的形式语言表达，而出现了现在这个结果。这个结果牢牢地锚固在这片土地上，你把它移植到其他的水塔，或上海其他地方，或中国其他地方，或其他国家，就会发现它不成立，不存在，也不需要，因为没有类似的故事。

对偶帮助我在建筑学的观念上创新，创新就是发现隐性知识。当我们重新观察这个世界会发现，我们从来都是把建筑看成是人的庇护所，是防守性的。防守的对偶是进攻。由此我注意到，最初的原始人要摆脱山洞的限制，他要勇敢地走进蛮荒黑夜当中，洞穴是没办法带着走的。所以，他造了一个窝棚，这是所有建筑的原始形式。这个窝棚仅仅是庇护所吗？不，是人类走向未知的前哨。它是进攻性的，人，就是通过造这么一个窝棚，把自己的活动半径往前延伸几公里，再造一个，再延伸。最后开拓形成蔚为壮观的建筑世界。建筑虽然是静态的、防守的，但它又是动态的、进攻的。水塔就是进攻性的标志。建筑的进攻性，就是隐性知识。据此，我们意识到，如果我们仅仅是研究建筑的所谓静态形式，比如结构、材料、乡土性，却没有意识到人类在往前开拓时，因为技术能力的缘故，他们所采用的，就是就地取材、因地制宜，就是一个动态的发展。是对偶让我从建筑学注意到了人类学。通过人类学的学习，我

水塔入口

发现建筑学许多观念不过是建筑学神话，事实上在实际生活中并不存在。我们热衷的所谓地域性主义、所谓乡土主义只是借用了历史上某一个阶段材料和建造方式加以改写，从而认为它代表了历史，然后神话这种创作。这是错误的。动态发展的建筑不需要局限在静态的某个时间点。没有人类学训练的地域性主义都是形式机会主义。

最后再回到人，要研究人，包括人的身体、思想、身份、好恶。世界各地充满了各式各样不同的人。洞悉不同人的差异，不同人身份上的差异、思想的差异，甚至体力和精神上的差异、文化习惯上差异、性能上的差异，才能够做出反映各种各样差异的建筑，而不是局限于我们反复讨论的形式风格、材料、颜色等，这些不过是某个历史片段的静态结果，是某种生产力水平限制下形成的一种妥协方式，这些都是可以改变的。人的任何感受都可以激发设计，甚至包括这天早上起来，潮湿的空气让你焦躁不安，有一种按捺不住的冲动，因为潮湿而试图表达什么的这种情绪。有趣的是，这些差异更迭了几代人，却还是一直存在。追求永恒的实体会消亡，而人不稳定的感情却以不同方式，一直存在。

2018 年，我陪夫人在肿瘤医院治疗。当时需要步行 1.2 公里，到中山医院的一个药房去买一种不在医保目录上的药。奇怪的是，在这一个 L 形的路线当中，很多是施工围挡，街道光秃秃，行道树被修建得很短，对于大多数人来说，这 1.2 公里没什么，可是对于我这样一个接近五十岁，又不锻炼的人，烈日之下，我走得很累，大口喘息，汗水模糊了我的视线，当时我就在想，到哪里能歇一下，歇一下。突然在靠近这个路程结尾的三分之二处，有一段没有被拆掉的骑楼救了我，我迫不及待地躲进这个骑楼，在阴影里我大口喘着粗气。我突然意识到这个骑楼不仅仅是一个形式，它是某类人切切实实的需求。

当徐汇区聘请社区规划师时，我选了肿瘤医院和中山医院所在的枫林街道。建筑学的抽象人是没有疾病残疾的。但作为病属，虚弱的我同时是建筑师，能切身感受到，城市空间对不健康或不健全的人的忽视。我主持了枫林街道社区文化中心设计。它在上海一段老龄化社区的南北向街道一侧。由于社区基本以 20 世纪 70 年代建的行列式公房为主，所以建筑都是山墙面对街道，并且有连续的围墙，形成了一条 400 米长，拒绝让人休憩的、冷漠的、乏味的线性空间。我说服了业主，将整个立面墙面推进去了 1.2 米，形成了一个有遮蔽的拱廊，让人可以在这里休息，喘一口气。这不是一个形式游戏，这是我通过自己，对身体的理解，对病人和老人这种行动不方便人的了解而去创作的。这是我在斜土路上的感悟，是由人及物。

灰色、生硬、笔直的街道促发我用了生动的橘色曲线的拱门做立面。而精细的剁斧石墙面上镶嵌的小小枫叶，在一个无符号的、抽象的街道上，隐喻了一种呵护和关怀，我把它称之为无限透明的微笑。建筑师作为感情充沛的人，会意识到建筑是华丽的工具，可以去创造日常的奇迹。有趣的是，当我重新使用对偶这个工具，也重新认识了中国和中国人。

枫林街道社区文化中心立面改造

对偶用平衡稳定的格式，平静地以最大程度容纳波澜壮阔，而又表现出波澜不惊。这是一种独特的美。

我曾经衣着、饮食讲究，事业、生活顺利，看待任何事物都冷静甚至冷漠，充满优越感，自认为一切唾手可得，是绝望粉碎了我精心修饰的前半生。化疗室一开始是喧闹的，随着药物的注射，房间里变得安静，有人会轻轻呻吟，有人会默默流泪。夫人会静静地睡过去，而我则思绪万千，不能自已。有一次，我忍不住，一个人在外面透气，我在抽泣，曾经骄傲不可一世的我崩溃了。突然，我的肩膀被轻轻拍了一下，我回过头，阳光在她苍白的脸上闪闪发光，她轻轻地说：“好了，走了。”

我不是一个真正坚强的人，成年人的崩溃都是一刹那的。是希望重塑了我后半生的设计态度。我想告诉大家，建筑师其实是可以为那些脆弱的、不坚固、容易消失的东西去创作，而不一定追求那种坚固的、永恒的东西。作为一个建筑师，今天的我，看待建筑学这件事情，是所有的绚烂最后归于平静，所有的磨难最后归于轻松，建筑虽然是个固定不动的东西，但它和流动、变化的人永远息息相关，它应该反映人性当中那些宝贵的、闪光的东西。最后，我是在自己的人生中，洞悉了中国这一伟大文化里最重要的审美领悟，那就是，所有艰难困苦的训练和思考，到最后都要展现不可思议的轻松。

别了，伊东丰雄

在一次演讲中，伊东丰雄终于在他的演讲尾声中讲到台中大都会剧院。会场中弥漫着一种奇怪的欲言又止的氛围，因为这个设计太丑了！

伊东的出名是作为银色派的主要配角出现在建筑舞台上的，那时的主角是长谷川逸子。伊东的声望来自表参道的托德斯（TOD'S）专卖店，他根据树影在立面上创造了一种枝杈状的肌理，流行一时。但伊东最著名的建筑是仙台媒体中心和多摩美术大学图书馆，这两个建筑都体现了不可思议的轻。前者承受了 2011 年日本大地震的考验；后者如同纸质模型一般的建成效果，成为国内小清新竞相效仿的典范。多摩美术大学图书馆立面和内部空间是连续的混凝土拱，但轻薄得完全不具备拱和混凝土应有的受力和施工特征。我通过伊东的介绍惊讶地得知，这其实是个钢结构，10 厘米的钢结构两侧再浇筑各 5 厘米的混凝土，拱和混凝土是一种掩盖钢结构的视觉游戏。我想那些模仿者没机会了，一来中国的结构工程师和施工单位非常不喜欢把钢结构和混凝土混合在一起设计和施工；二来中国规范所规定的混凝土和钢结构各自的最小计算和施工截面最小值都大于伊东这个混合截面；三是具有装饰效果的清水混凝土对中国施工公司来说是个技术挑战，至于5厘米的厚度，那更是闻所未闻。中国的模仿者如果基于上述的施工和规范现状，那么他们的轻比之伊东，简直就是笨重。

但伊东的多摩美术大学图书馆在技术上的创新是比不上仙台媒体中心的。仙台媒体中心用钢索（维基百科称为管柱，即细铁柱群代替柱子，现场翻译为钢索，据懂日文的人翻译，是因为这些柱子还有拉的受力在内，不能用柱子来定义，故如此写）消解了传统视觉意义上的柱子，让整个房子不真实地漂浮在大地上，做到前所未有的轻和通透。我问万科的总规划师傅士强，这么杰出的结构为何没有被广泛推广，傅士强说“太贵了”。这个技术创新因为太贵而无法变成普遍有效知识，从而无法成为刚性创新，我觉得伊东失去了他成为真正大师的机会。相比之下，多摩美术大学图书馆虽然广受好评，但就创新而言，不过是个巴洛克式的游戏而已。傅士强说：“你应该去看看多摩美术大学图书馆，美得让人无法用言辞形容。”但我对傅士强说，伊东看来在审美的训练上不太讲究。话音未落，伊东之后的项目就让傅士强和听众无法用言辞来表达他们的错愕。因为那些项目越来越难看，仿佛不是伊东的设计。我仔细回忆了银色派的伊东、表参道大楼时的伊东和现在看到的伊东，猛地想起了伊东的名言：“我的设计都是年轻人做的。”年轻人在大师的事务所约乎是四种角色：单纯的工具、为大师不灭的灵感之火添柴加油、主导或者诱导了大师的设计、独立的设计被贴上了大师的标签。伊东的年轻人大约扮演了第三种角色。伊东大约在审美上被年轻人裹挟了，看来是不同时期的年轻人帮助创造了不同时代的伊东。

伊东似乎意识到什么，他放了一张他和库哈斯的合影，并说库哈斯对大剧院的赞叹让他放了心。且不论库哈斯的客套话是否可信，一个被公认的大师需要通过另外一个大师来背书，只能说明，他自己对建成效果也信心不足。

后来一个北京的建筑历史研究者告诉我，伊东获得普利兹克奖的原因并不完全是他的建筑成就，更多的是褒奖他在日本灾后组织的“众人之家”（Home for All）建筑师主导的重建计划。这个计划首先在威尼斯建筑双年展大获成功，向西方的中产阶级证明了建筑师具有对社会问题的深刻关注和积极改变的态度和行动，但这是一个典型的中产阶级世界里自以为是的计划，既无法帮助灾民迅速建造临时用房，也不能成为灾后重建主要的建筑形式来帮助灾民降低成本和加快建造速度。到了 2013 年即灾后两年，也不过建成了一个 1 ∶ 1 的模型。或许伊东的本意正如他在演讲中回答提问时所说的，他作为建筑师面对遭受巨大灾难的同胞是感到羞愧的，但一个没有切实帮助到灾民，却成就他在国际舞台上的成功，难免不让人觉得伪善。提问人赞扬他具有大庇天下寒士俱欢颜的境界，和灾后重建现状相比，更像是嘲讽。

不过伊东的实践依然可以是一面中国建筑实践的小镜子。七十三岁的他依然试图对自己不断提出挑战，与此相对的是，国内大多数建筑师到了三十五岁就在专业上暮气沉沉了。伊东的演讲其实更需要结构工程师和国内制定抗震和结构规范的专家来听听，看看在日本这个地质灾害频繁的国家，日本结构工程师如何展现了各种想象力，帮助建筑师创造出难以置信的轻来。伊东的演讲也需要让国内的施工公司和材料工程师来听听，为什么同样是混凝土和钢材，日本的同行可以做得如此小巧轻薄并且精致准确。

伊东的演讲展示了日本出色的工匠精神，这种工匠精神贯穿在建筑师、工程师和工人身上。所以伊东有些三维曲面的建筑造型，那些被誉为“工匠”的日本工程师和工人用相当笨拙的方式耗时耗力但最终精彩地完成了，而到了台湾，没有这些人，伊东的成品就显得粗糙。日本工匠挑战不可能的精神，却也未必全好。因为有了工匠们的帮助，建筑师会失去另外一种机会。伊东的几个异形的建筑，尤其那个丑的台中大都会剧院，都是在2006年前后设计的，那个时候，马岩松的早期合伙人，最早掌握参数化技术的早野洋介在日本没有什么机会，却最后在中国得以大展宏图。日本人对工匠的依赖和对计算机辅助设计的轻视让他们失去了在计算机辅助设计上领先的机会。伊东的剧院从设计直到建成，都是以目前看来低级的方式完成的。

那日我在日本设计（一家规模仅次于日建的设计公司）工作的同学告诉我，他们公司正在突击全面培训BIM（Building Information Modeling即建筑信息模型，是建筑学、工程学及土木工程的新工具，是以三维图形为主的电脑辅助设计。前面提到的参数化技术也可以加载到这个平台上去。）据我所知，在上海，至少在滨江的重要公共建筑的设计和施工，政府就要求设计、施工和管理单位必须使用BIM管理。设计始于2006年的中国第一高楼上海中心就是BIM在实际项目中运用的范例。就这点而言，中国走到了日本前面。

伊东和那些国际著名的建筑师们身逢这个经济繁荣的盛世，他们是全球化的受益者，新市场的容量远远大于他们的国内市场，更重要的是非常宽容。伊东为台中贡献了一个口腔（他大都会剧院的灵感来源），贡献过大裤衩（央视总部大楼）的库哈斯则为台北贡献了一个巨大的球（台北艺术中心），质疑他们的声音微弱不可闻，在新市场，大师是毋庸置疑的。新市场容纳了所有当红和过气的大师们，没有全球化和经济繁荣，他们当中大多数人可能面临的是要么在大学永远做个纸面建筑师，要么破产的境地。比如2008年的金融风暴时，扎哈只剩下三个项目在运行，都在中国。即便如此，大师们也很少感激新市场，因为他们如神一般驾临，是被邀请来教育和指导新市场的。由此，他们需要刻意掩饰自己。当伊东被问到为何在大陆没项目时，他轻巧地回答，他设计不来巨大的建筑，获得一阵笑声。但事实是，他1992年就试图进入大陆市场，参加了轰动一时的陆家嘴中心 1.7 平方公里的城市设计竞赛的国际招标，2003 年央视总部的国际招标他也没落下，不过那两次，他的作品都不突出而已，但在基地的处理策略上，甚至模型的表达上都很相似。大师们对新市场有时是那么漫不经心，你看安藤忠雄，自 2000 年后就几乎没有有力量的作品出现，但依然在大陆和台湾获得一个个大项目，他们在新市场的成功让旧市场的媒体都失去了刺耳的反对声。

所以伊东们其实也很悲哀。他们忙于演讲、展览、上课、接受采访、聚会，飞来飞去，利用仅有的时间设计；他们还要思考，但是当周围都是谄媚的声音时，他们的思考无法被锤炼，无法被磨砺，最后失去了思考，却还要装出思考的样子。伊东讲 21 世纪的建筑要遵循自然的法则，自然的法则重要的一条是自组织原则，那还要伊东这样管头管脚的建筑师做什么呢？伊东的演讲题目是《超越现代主义》，但伊东对现代主义建筑的理解是肤浅和形式主义的，由此他推导出的 21 世纪的建筑原则也是荒谬的。他的思考基本没有建设性，他依然身在现代主义中，连超越的边缘都还没看到，就不必谈超越了。他试图创新，但至多算微创新，无法创造改变建筑现状的刚性创新。

走出演讲厅，听到有人议论道，他关于开头的现代主义建筑的论述和最后关于 21 世纪建筑的预言完全可以省略，他就老老实实地讲他的实践就可以了。我突然感到一点悲哀，相见不如闻名，距离产生美。

高迪，一面映照当下建筑学的镜子

1926 年 6 月 7 日，巴塞罗那刚通行的有轨电车在加泰罗尼亚议会大道大街撞倒了衣衫褴褛的高迪，彼时他正打算去做礼拜，路人认定他是个乞丐而不施援手，直到一个卫兵拦了辆出租车将他送到收容穷人的医院，奄奄一息的高迪没有得到有效及时的治疗。第二天，神圣家族大教堂的牧师发现了他，这位将余生献给神圣家族大教堂建设的“上帝的建筑师”——高迪，拒绝转院，坚持待在穷人中，最后以一种近似殉道的方式离开人世。

2015 年 3 月底，第二十届普利兹克奖得主伦佐·皮亚诺的回顾展在上海的 PSA 隆重召开。从入场排队人山人海的盛况可以预言这个意大利人断然不会覆高迪之辙的。

高迪出生在巴塞罗那附近的小镇，父亲是个锅炉制作工匠。年幼的他患有风湿病。他只能独处，唯一能做的事就是“静观”。哪怕一只蜗牛出现在他的眼前，他也能静静地观察它一整天的时间。病养成了他缄默不合群的性格，还把他变成了一个素食主义者，更培养了他对大自然的热爱。

伦佐·皮亚诺出生于意大利热那亚的一个建筑商世家，他的祖父、父亲、四位叔伯和一个兄弟都是建筑商人，他从小就爱在工地上攀来爬去，对沙石变成房屋与桥梁惊诧不已，从而奠定了他对建筑艺术与材料的崇拜。

高迪进入巴塞罗那建筑学校就读，可是成绩平平，尽管选修过法国文学、经济、历史、考古和哲学，但他的主要兴趣还是在建筑，期间还挂过科。当高迪从建筑学校毕业时，他的校长曾经说："时间会证明我把毕业证书发给了一位天才还是一个疯子！"

伦佐·皮亚诺毕业于米兰理工大学，为朱塞佩·西里比尼所赏识。之后在伟大的路易斯·康手下工作过五年，在伦敦的马考斯基工作室工作后回到热那亚建立了自己的公司，他在开始国际化事业之前就富有远见地开始了国际化的经历。

大富翁古埃尔是高迪这个孤僻内向、不爱交际的天才的保护人和同盟者。古埃尔既不介意高迪那落落寡合的性格，也不在意他那乖张古怪的脾气。"正常人往往没有什么才气，而天才却常常像个疯子。"高迪每一个新奇的构思，在旁人看来都是绝对疯狂的想法，但在古埃尔那里总能引起欣喜若狂的反应。高迪得到的是每个创作者所渴望的东西：充分自由地表现自我，而不必后顾财力之忧。

伦佐·皮亚诺的机会先来自日本人，后来自法国总统蓬皮杜，后者把蓬皮杜中心的设计赌博般交给了他和罗杰斯，两个年龄不到四十岁的年轻外国人。蓬皮杜中心是个历史性的建筑作品，开创了所谓高技派风格。

高迪曾经有过一段短暂无疾而终的恋爱。“为避免陷于失望，不应受幻觉的诱惑。”高迪终生未娶。他把所有都奉献给了建筑和宗教。高迪具有北欧人的外貌特征，金发蓝眼。不了解高迪的人，会认为他是个不善交际、令人讨厌、言语粗鲁而举止骄傲的人，而他的亲密朋友则认为他对朋友真诚、礼貌和友善。高迪年轻的时候，一副花花公子的派头，昂贵的外套，精心修饰的头发和胡子，热爱美食以及夜生活——时常乘坐马车出没在歌剧院和戏院。而当他年纪大一些的时候，依然留着大胡子，依然成天一副阴沉沉、让人捉摸不透的表情。但在生活上则变得极其简单和节俭（他吝啬的名声由此而来），他只说加泰罗尼亚语，对工人有什么交代就通过翻译。他只带了两个学生在身边，多一个他都嫌烦。他似乎觉得，只要与这两个学生交往，就能保持他与整个世界的平衡了。他吃得比工人还简单、随便，有时干脆忘了吃饭，他的学生只得塞几片面包给他充饥。他的穿着更是随便，往往三五年天天穿同一套衣服，衬衫是又脏又破。有时真有人拿他当乞丐而给予施舍。

伦佐·皮亚诺总是满脸微笑，看上去有些羞涩、温和，像是个彬彬有礼的知识分子，却善于和不同的人打交道，年纪轻轻就能够偷偷把德国人的钢梁用在法国人蓬皮杜中心的工地上，法国人、德国人、英国人、日本人和有钱的阿拉伯酋长，对他来说都不是问题。

晚年的高迪失去了所有重要的朋友、亲属。而他自1883年主持的神圣家族教堂被当地人看成“石头构筑的梦魇”，尽管因为得到教皇的高度赞扬，而他本人也获得了“建筑师中的但丁”的美誉，但教堂的工程因为经济危机而在1915年陷于停顿。高迪做了个惊人的决定，他回绝了所有业务，将自己的所有财产以及募捐来的善款全部投入神圣家族教堂的建设，对他而言，这个“穷人的大教堂”是他宗教理想和建筑理想合二为一的人生唯一工作。“只有疯子才会试图去描绘世界上不存在的东西！”

伦佐·皮亚诺的项目遍及全世界，建筑类型范围也很惊人，从博物馆、教堂到酒店、写字楼、住宅、影剧院、音乐厅以及空港和大桥，还有爱马仕的专卖店，他似乎无所不能。他宣称：我属于终其一生不断尝试新方法的那一代人，什么清规戒律、条条框框都不放在眼里，我喜欢推倒一切重来，不断地冒险，也不断地犯错误。但同时，我也热爱我们的过去。一方面我对过去充满了感激，另一方面又对未来的尝试与探险充满了热情。因此我乘风破浪，永无止息地超越过去。其实他连朗香教堂都不敢超越。

6月12日，巴塞罗那万人空巷为高迪举办盛大的葬礼。他被安葬在神圣家族教堂的地下室。这个教堂迄今没有建造完成，成为宣传巴塞罗那的巨大行为艺术。高迪死后不久就被遗忘。20 世纪 50 年代，达利向世人呼吁重新认识高迪的价值。最后在 1957 年，纽约现代艺术博物馆（MoMA）为高迪举办了回顾展。

伦佐·皮亚诺从没有在公众媒体和学术媒体中消失过，自打蓬皮杜中心取得巨大成功后，他几乎获得所有的重要建筑奖项，除了普利兹克奖外，还获得了美国建筑师协会（AIA）金奖、丹麦最高艺术奖项 Sonningpriseen 奖，他是波黑的荣誉国民，是意大利的终身参议员，也是联合国教科文组织的亲善大使。是年轻人效仿的典范。

时间证明了高迪是天才。他留下的是还在建造的教堂、"用自然主义手法在建筑上体现浪漫主义和反传统精神最有说服力的作品"的米拉公寓和其他五个作品被选为联合国世界文化遗产。他最终在对建筑的执着、自然的深情、宗教的虔诚和加泰罗尼亚的热爱中发现并成就了自己！

皮亚诺作品的识别标志是它们没有识别标志。皮亚诺的传记作者宣称伦佐·皮亚诺"对于那些排斥教条和主义的年轻建筑师们来讲是一个榜样和激励，认为他的作品没有浮夸的表情，透露出稀有而温暖的人文精神，执着地关心着天空、大地和人的内心，总是显得冷静而清醒"。有趣的是，尽管伦佐·皮亚诺之后设计了一系列叫好的建筑，但似乎没有一栋的影响力和历史地位超过蓬皮杜中心。

"没有哪座城市会像巴塞罗那，因一个人（高迪）而变得熠熠生辉。"

熠熠生辉的伦佐·皮亚诺致力于保护热那亚古城，却没有让热那亚熠熠生辉。

成功者伦佐·皮亚诺是个精致的机会主义者，殉道者高迪是个笨拙的理想主义者，他们都是他们所在的那个时代的产物。

吐槽对建筑学没啥意思

最近被吴家骅老师的《建筑的谎言》刷屏，我读后却颇为失望。建筑学在中国发展到当下，不缺吐槽的人才，从刚入学的学生到吴老师这类德高望重的老前辈，每个人都可以吐槽上几句，不算啥难事。

问题来了，说完几句之后，依旧日子平常，风轻云淡。所以这类吐槽不过就是发泄，对建筑学没啥意义。

建筑学发展到当下，在中国、在西方都遇到了困境，建筑学需要“破”，然后“立”。吐槽显然不是“破”。朱涛关于梁思成的书基本也可以看成高级吐槽，也算不得“破”。“破”的基础在于对已有知识和范式有着充分的认识，了解已有知识和范式的局限性，并洞悉这些局限性的深层次原因。从局限性的深层次原因下手，“破”才是可能的。否则就是瞎来。

瞎来一般会表现在两个层面。第一，就是大家熟悉的吐槽，看到一些自己不满意的现象，于是信口开河。而另外一种则比较隐蔽，以拿来主义的方式要求重新洗牌。但“破”并不是推倒重新来过。回顾科学史和艺术史，科学和艺术发展到当下的辉煌，每次所谓颠覆性的突破，究其本质，并非从天而降，无一不是在前人的基础上发展而来的。

中国自改革开放后三十年的建筑学发展，多了不少急功近利的人，不分青红皂白地从西方拿来所谓的理论和经验，直接用于中国的建筑学实践和教育，对拿来的东西都没有好好研究和学习，就替换了还没好好继承的所谓旧的东西。这种盲目粗暴的态度其实在吴家骅老师的吐槽中也显而易见，可惜的是，至今还有许多人把这种粗暴的态度当成一种先进的观念。

我观察各种吐槽的时候，会依据自己的思考范式把吐槽在类型学上归类，结果发现这些吐槽基本属于一类思考范式——机械决定论。不过等中国作为一个复杂系统，庞大到和西方已经相提并论，而在建设上则远远超过之后，那些拿来主义各种中介的底线全部露了出来，因为他们借用的理论和经验已经无法指导中国当下的建设发展了。现在看来，中国的建筑学似乎遇到了困境，但世界建筑学的困境更大，所以这其实倒是个机会，通过中国建筑学参看中国这个复杂系统而创新出可为世界建筑学提供出路的机会。困境意味着可以“破”而“立”。

那么有人在“立”吗？有的，我注意到了不少人在悄悄地“立”。这个工作需要排除干扰和诱惑，有些孤独地耕耘，比如周榕和袁牧都注意到了建筑学的困境。

周榕发现建筑学作为一个系统之所以失去活力，在于其系统越来越趋于单一和狭隘。周榕有个雄心是扩大建筑学范畴。他试图扩展建筑学的外延，充满兴趣地研究和观察与建筑学相关的学科，包括社会学的各种现象。显然他企图把建筑学这个系统发展壮大，而不是一味将其狭窄化。

袁牧则选择另外一条途径，他发现建筑学作为一个系统，它的基本原则在教育中正在被淡忘，建筑师越来越热爱操弄复杂的规则和语汇，而解决实际问题的能力却日益低下。他回到建筑学基础，重新撰写《建筑学初步》，希望在最基本的原则上能够重新定义，因为一个系统的复杂性在于基本原则是否可以以自组织的方式发展。

李翔宁则注意到了中国作为一个新兴力量的重要性，中国本身的许多现象值得研究，这种中国性不仅可以为中国的建筑学创新提供重要的可能性，也可能是解决当代建筑学困境的一剂良药。

虽然还没有看到建筑历史研究和理论范式创新的迹象，但很高兴在历史局部的片段上，看到了一些杰出的研究。比如留德的刘妍博士从考古学和人类学入手，研究中国古代桥梁的建造技术，令人耳目一新；又如天津大学的丁垚对独乐寺长期细致的研究。但我没看到中国建筑史产生新的历史研究的范式，朱涛八卦了梁思成一堆事，但“破”不了梁思成的中国建筑史范式，更不用说他是否能够提出新的建筑史范式。中国建筑史研究还是在梁思成建筑史范式下的局部深入和创新。就我对社会学科的发展来看，一个替代梁思成范式的新的建筑史范式的产生还是有可能的。这需要时间和积累。

有人会问我在干吗？我在“立”。

首先，我试图建立一种新的建筑学思考范式，引用复杂科学这种正在经济、信息、物理和生物上的新范式进入建筑学。

其次，从人类学的角度，正视自己作为中国人甚至江南人的存在，避免陷入现代主义建筑一种“放之四海而皆准”的标准人的角色，就此发现了一些新颖而有趣的切入。比如作为江南人，面对水汽充沛的气候，对光的理解远不如地中海的人，但对影子，尤其因为天气而把景色抽象成黑白调子的影子则熟悉得更多，基于西方发展出来的建筑学其实并没有好好研究影子，这也许就是我的机会。

第三，生活性。现代主义把生活性看成毒药，唯恐伤害建筑的纯粹性，现代主义的纯粹性为现代主义带来与之前所有风格迥异的形象，就此也伤害了现代主义长期的生命力。

中国人对于生活一直有着自己独特的理解，把这种理解介入建筑设计中，就会慢慢发现建筑学的新东西。至于是不是符合现代主义，这其实不重要，现代主义没那么重要，尤其在当下。

如今在知乎、微信，借助网络或者自媒体，吐槽变得越来越方便。建筑是谎言吗？没有前提和论证，建筑可以任意定义为谎言，那么我们其他许多学科也可以是谎言。按其思路，建筑是谎言的提法本身就是一种谎言。绕到这里，这没啥太大意思，还是扎扎实实做一些工作吧。

建筑师的中年危机

我认识的中年建筑师都没有保温杯，大概是保温杯又重又占地方吧。我认识的中年建筑师基本都认为自己的事业其实刚刚起步，结果就被年轻人嫌弃了。我不觉得我们这些中年建筑师有什么危机，每个人都忙得顾不上思考是否有危机，但其他人看上去我们一定是有危机了。

面对年轻人的不屑，中年人做出了回答，比如者行孙说中年男人“从开始戴手串的第一天，他就做好了油腻下半生的充分准备”；地主陆则解释说“原谅我们这些谨慎的中年人吧，也许我们就是社会这个大系统里的试错员，把各种可能发生差错和误解的细节都测试了一遍”；曾于里说并非中年人才有中年危机，即便人未到中年，但心态已经早衰。总之，“中年”是个贬义词，也是诅咒。好一点讲的是焦虑不安的精神状态，坏一点就是油腻。

中年建筑师是建筑师这个晚熟行业的中流砥柱，经验、阅历和眼界都到了一个综合指数最佳的阶段，正是出成绩的时候。中年建筑师虽然焦虑，但基本是工作上的焦虑，没空去担心青春不复、逝者不可追。每天都面临接踵而至的挑战，担心的是自己的体力和时间够不够，不会莫名深陷于得到和失去、青春与衰老、爱与死、责任与欲望、现实与想象之间的纠缠与撕扯。中年建筑师没觉得自己有危机，不过其他人则深深觉得我们有。

中年建筑师们偶尔聚会刷个朋友圈，年轻建筑师幽幽地说为啥不把机会给他们。中年建筑师惊讶地说青年建筑师为啥怨气冲天，年轻人建筑师愤怒道何不食肉糜。面对网络时代动物凶猛的年轻建筑师，中年建筑师失去了对话的主导权而不自知。这其实一种显而易见的危机，但中年建筑师似乎并没有意识到。

这种危机是在公众舆论中，中年建筑师们包括我被贴上了如下标签：我们向生活投降了，成为既得利益者，小圈子文化，为维持自己卑微的成绩奉承老年人而刻意阻碍创新和青年人进步，压榨和欺负青年人。你想想看，一群没日没夜战斗在设计第一线的中年建筑师没有被埋葬在自己的皮囊里，却已经被埋葬在舆论的口水中，关键这些有着职业自豪感和优越感的中年建筑师其实并没意识到自己的人设已经从行业中流砥柱逆转。

我看到了一个坚持跑马拉松的优秀中年建筑师在朋友圈批评了一个年轻人为老年人做的设计不成熟。其实很早之前就看到过这个帖子，我们这些久于世故的人并不相信帖子里的故事，甚至觉得这些感动都带着虚伪。但看到回帖中少许的异议都被不容置疑地怼回去后，我默默地关了帖子。

那天上海极闷热，万物仿佛黏在空气中无法动弹。我突然想到，所有危机都是一种幻觉共识。大家讲得多了，认可了，似乎就成为规律了，我们大多数人生活在自己假设的前提下，既然是假设，就可以换，也可以不接受。

鉴于我们也有过努力战斗、毫不吝啬自己才华和体力的青春，假设我们现在变成了舆论所谓的中年人设，没关系，年轻人，别嘚瑟。但那个油腻中年假设不成立的话，年轻人，也别生气。那些你们以为志得意满的中年建筑师丝毫不敢有所放松，依然在战斗，依然希望在渐渐望见自己职业生涯的尽头前再创造一些什么东西。

所以我在朋友圈里批评了这个设计，因为我觉得老人并不适用这些看上去美好但障碍处处的设计，我觉得基本的设计概念不可以被忽略。但我用了委婉的语气，这刻意的委婉被有些中年建筑师看得明白，他们调侃我的柔和。我很高兴看到这些鲜活的中年建筑师依旧保持高昂的战斗精神。我觉得和年轻人较劲只是表达我们的职业态度和观点，点到即止。我们还是得和自己较劲。我们毕竟要在有限的中年去创造一些我们有过的理想，我们真正的焦虑是在不断的挫折和一系列微不足道的成功中反问自己是否还能做得更好，或许这才是我们这些建筑师的中年危机。

罗曼·罗兰说过，有一种英雄主义是洞悉了生活的所有真相，还深深热爱着生活。我作为一个中年建筑师，希望成为这样一个英雄，用创新去抵抗日常的平庸，而创造出日常的奇迹来。

所以中年建筑师没有所谓的中年危机，如果有，也不过是所有你们不相信的事情都要一一去做一遍，亲自体验一下不可理喻的成功或早已经注定的失败而已。

青年建筑师为啥怨气冲天?

知乎上有个问题:“建筑师是一个令人绝望的职业吗?”我轻描淡写地回答:“绝望的是无能之人,不是建筑师这个职业。”引来不少青年建筑师回怼。怼这些回帖既无法平复年轻人的怨气,也浪费我的时间。但触发了我的一个思考“青年建筑师为啥怨气冲天?”

于是我安排助手做了一个小范围的调查,她总结了三点:一、现实工作和大学教育的职业形象差距太大,常常沦于琐碎无趣的工作中。二、收入已经比不上其他行业了,不要说程序员、金融业,就连机械工程师的起薪也追平建筑师了。三、工作时间超长,经常加班。其实我觉得可能还有第四点,得不到尊重,比如甲方。

回想我入职第一年的时候,前三点其实也是存在的,不过第一点没那么严重,因为我们那时的大学教育和职业教育还是比较接近的,如今大学教育的确和建筑师职业脱节了,学生从构思到概念形成或许已经套路甚多，但对概念落成到建筑建成之间漫长痛苦的过程没有丝毫思想准备，大学里也不会教项目管理，进入设计院后，几乎是要重新开始学习许多知识，落差一定是大的。第二，我们入行的时候，起薪也很低，和其他行业十倍之差也有，不过私活可补，有自由，尽管工作时间一直超长，但有成就感。最后，那个时候甲方无论是政府部门还是刚起步的房地产商还是很尊重建筑师的，年轻人的压力反而是来自设计院严格的技术管理等级层次。

如果因为这些点就要怨气冲天，我觉得还不够真实。我于是调查了工作三年到五年的员工。他们的回答惊人一致，房价高得已经让他们有些绝望，他们感受到的是这个城市的恶意。是啊，从1999年带实习生开始，我见过了几百名抱着理想和希望的青年建筑师拎一个皮箱就来到上海，工作几年就可以买房安顿下来，这个城市宽容并友善。这几年房地产形势不好，刚刚毕业的学生面临普遍降薪的窘境，收入对比房价，觉得一辈子要被裹挟了。去年开始，不少工作三年到五年的有年资的建筑师离开上海去了二线城市定居，收入未见得少多少但房价让人觉得不至于那么遥不可及。这就触发了知乎上的另外一个问题，为什么设计院招工难。在今年房地产复苏的风口，不是招工难，是招有经验的设计师难。

到此时，我理解了建筑师们的怨气，低薪、工作超时又如何？被迫剥夺了职业自豪感和在这个城市奋斗的信心和勇气，这才真正伤害了每一颗不甘平凡的心哪。那么我们需要同情青年建筑师吗？回答是不需要，同情是最廉价的，毫无益处。

那么我们需要帮助青年建筑师吗？回答是必须。青年人宜居的城市才是有未来的。但那些寄希望于前辈主动让位并把机会双手奉上的青年建筑师不需要帮助，生活从来不是那么容易。

那么我们怎么帮呢？行业的设计费已经好多年没涨了，早就陷入低价和拖款的恶性循环，与此相比，人力成本则已经高达公司收入的四成左右，于是为什么设计公司老板会怨气冲天则是另外一个话题了。作为前辈，我们只有建筑学这个工具。

我们是否可以用建筑学来帮助年青建筑师呢？也许可以。但我不赞成把房子越设计越小，越设计越远。我希望年轻人不要被驱赶到郊区。我觉得如何结合城市更新利用存量房改造才是机会。我通过对女性 BNB（女性租赁社区）的研究，觉得可以为年轻人创造一个分享地产模式，把一部分使用权释放出来换取本职工作外的第二收入，这个收入可以平衡还贷。我们应该把不同存量房收集起来，是不是一个小区不重要，委托第三方或者建立一个物业管理公司管理所有分享出来空间的预订、清洁和收费。至于设计，我们可以号召青年建筑师自己设计，支付基本成本设计费后，看他的意愿是否愿意将设计费折算成自己的房价折扣或者现金，这样两便。我认为组织年轻建筑师激活存量房和城市更新是重建职业自豪感和大都市生存信心的机会，这样的城市才是梦想所在。

从 2015 年开始，我选取了三个样板——都是市中心被人忽视的陈旧居住空间加以改造，每个空间释放出的 BNB 在市场的价格都成功地平衡了房贷或者为业主增加了可观的第二收入。那么除了 BNB 还有其他分享功能吗？有的，我注意到了一些创业者针对空间的分享新模式，高过 BNB 的利润，基于保密暂不透露。青年建筑师能获得什么？自己的作品和关注度，生活质量的提高，如果我们要帮助这个城市的年轻人，不如先从我们自己人开始，从青年建筑师开始，这样的建筑学才是有意义的。

我会成功吗？做了再说，现在刚刚四十五岁，才开始。

网红建筑师

接近年底，“网红”这个词正式进入建筑界，就有了周榕老师似褒实贬的“网红建筑师”一词。所谓网红建筑师就是通过网络传播而具有知名度的建筑师。之前建筑师的作品需要通过发表、展览、著作出版、获奖等已知途径获得行业内知名度，再由非专业媒体扩大传播面到社会公众。得益于微信和短视频的爆炸式增长，每个人都是自媒体，于是许多在传统媒体势力范围里找不到出路的建筑师发现了新航线，乘风而起出现在社会公众前面，成就了许多网红建筑师。

在行业里有一定地位和影响力的建筑师，对于网红建筑师的称号是拒绝的，似乎这会影响他们的学术纯粹性，或者拉低身位，但同时又无法忽视网络媒体带来的巨大传播和影响力。让我们回顾历史，其实每一代都有所谓的网红建筑师。总有建筑师借用新媒体传播成为时代宠儿。到意大利学习建筑的英国人是通过帕拉迪奥的书发现帕拉迪奥的建筑和他本人的。尽管莱特嘲讽柯布西埃做一个建筑就要出几本书，但他也是因为出版了关于草原住宅的书才引起欧洲人的关注，他在美国失意后依靠欧洲的展览、巡回演讲引起了美国报刊的注意而东山再起，他的流水别墅更是因为当时强大的美国报纸新闻业的爆炸式的传播而声名大噪的。柯布西耶不仅出版书，还积极地演讲、办杂志、办展览。银王子格罗皮乌斯虽然不太会画画，但会办学校，会利用杂志、报纸和其他媒介发起论战，由此引起了社会极大的关注度。即便看上去寡言的密斯，也可以把一场官司通过媒体变成一场成功的个人营销。值得关注的是，这些人在如今看上去是主流，但在当时却是建筑界的边缘人物，庞大看上去地位不可撼动的布扎体系培养出来的精致的建筑师群体几乎是用不屑或者鸟瞰的视角来观察这些“跳梁小丑”。然而时代则不会如此，到了现在，我们几乎记不得多少那个时代的传统建筑师，尽管他们基本承担了绝大多数战前的建筑设计，我们甚至很少知晓他们的观点，发现他们的资料，他们在历史中似乎消失，而当时的非主流已成为当下的主流。

这一百年来，传播的媒介手段不断更新，我们面对一个成功主义极度膨胀的社会，更多的人关注意味着更大的名声和生意。约翰逊深谙此道，他总是能站在媒体变革的潮流中吸引更多人的注意力。他有效地借用出版、展览、论战、演讲、报纸、杂志、电台、电视、美术馆和学校，最后他说服凯悦家族创办了左右建筑界情绪的普利兹克奖，第一届当然颁发给了自己。掌握了媒介手段，就是掌握了话语权。BIG 建筑事务所的视频和传播让这个从大都会建筑事务所（OMA）出来的年轻人迅速成为明星，但很少有人知道他的父亲就是丹麦最大广告公司的老板。

当新的媒介手段出现时，总会有人因此而大获关注，掌控传统媒介手段的关键人士自然会感受到挑战，无论他们如何不情愿，最终都要分出自己之前垄断的话语权，历史总是会一而再，再而三地证明这点。

我第一次知道马岩松是在《参考消息》上，甚至有一段时间新浪网首页总有他关于未来城市发展的各种效果图，他是借用了网络传播的第一次力量，他是那个时代的网红建筑师。那个ABBS时代，马岩松是少数还能以持续创造力而活跃的建筑师，其他一些红人则似乎消失了，而潜水不为人知的某些网名背后则隐藏着后来有广泛影响力的建筑师。我们面对来势汹汹的网红建筑师唯一可以表达的态度是某些历史经验的总结，突如其来的名气会腐蚀掉大多数人，而那些留下来的建筑师最后还是依靠建筑作品而存在。如今的自媒体给了年轻人不需要仰人鼻息从而破茧而出的机会，这些动物凶猛的网红建筑师就如同他们的前辈们，时光是过滤器，有的会留下，有的则会消失，不废长江万古流。任何人去留都不可耻。至于传统媒体，要么拥抱新趋势，要么坚守成为最后的堡垒，哪种选择都不可耻。只有一种情况或许是有些可笑，就是面对新趋势吹毛求疵，常常会说，这很危险，太不学术。

浙江大学推出新规：如果网文阅读量超过10万，就可以视为一篇论文。那么可以预见，未来网络传播会逐渐具备学术公信力，那时所谓的网红建筑师就是具有学术价值的建筑师。而我们，正好处在这个转变的当口，拥抱它，没必要大惊小怪的。

最后说一句，周榕老师本身，也算得上网红评论家的。

设计大约是我应对中年危机的唯一办法

对我而言，如果不想变成握着保温杯的油腻中年人，就要：一、不能对镜自恋、故步自封，觉得别人都不如自己。二、不要成为克拉拉瓷器，所谓克拉拉瓷器就是西方人认为这是东方的，而东方人认为这是西方的一种外销瓷器。我不想刻意去杜撰一个西方人认为是东方的建筑风格，我四十五岁了，可以不要镜子也不要成为克拉拉瓷器。

我的中年危机大约是懈怠。幸运的是，当我要懈怠的时候，总有什么事会鼓舞我再战斗。国庆长假中，我看到了石上纯也在山东的新作，我被深深打动，我觉得我没什么理由可以放松自己在建筑学上的继续探索。

我的建筑学，首先是要正视自己的欲望，最基本的欲望是生存和存在，而不是欲望发展出来的各种表现形式。没有正视欲望的人谈所谓的精神，似乎是伪善的。所以我一定正视自己贪吃、好色（基于生存发展出来的放大的欲望），以及要跟各位师兄弟争长短的名利心和虚荣心（证明自己存在）。第二步是要反省。第三，要不断回顾历史，来发现自己不足的地方。第四，要建立激励自己前进的评判标杆。第五，要用最新的范式来重构自己的思想。第六，具备上述五点就可以去触动我自己的建筑学了。

我清楚并反省我的欲望，这类私人的事就不展开了。我用图表创建了建筑学的游标卡尺和创新量尺。我把我认为的建筑学的各种可能性都综合在卡尺表格中，帮助我发现我的创新点在哪里，是在结构、设备、景观上，还是在创造性的审美上？是在生产工具、生产资料、生活方法上，还是在突破建筑学的极限上？是在形态、建筑化、施工图上下功夫，还是能够从形态、空间、色彩、机理、材料当中入手，形成自己的形式语言，创造自己的风格，创造自己的学派，乃至风靡世界的主义呢？之后在创新的量尺表格中判断我做的是革新还是刚性创新。

可惜我觉得我们大多数建筑师的工作无非是文字游戏和形式游戏，偶尔会有人做点微创新。我悲哀地发现，我自己不太指望自己能够做刚性创新，所以我努力地去创造特殊知识创新，也就是实验室创新。如果这个实验室创新一旦能够成为新的普遍有效知识，那就是刚性创新。但是如果是已知普遍有效知识再创新，它的生命力和极限是可以看得到的。量尺进一步帮助我指导自己应该怎么做。

我写了一篇三十万字的关于中国古代无法实物考证的建筑历史，在撰写过程中不断矫正自己的历史偏见，比如全球化在我们以为的闭关锁国的时代已经存在。我把过去看得清楚一点，这样就可以把未来再看得有趣一点。所以重构思想是看未来，回顾历史是帮助自己更好地看未来。

我是通过复杂性这个范式来重构自己的思想。目前建筑学已知的思想范式都已经落伍了。你们看，自 1984 年圣塔菲所建立的复杂性思维到如今触发的阿尔法狗，深度学习和人工智能已经极大地影响我们的生活。而我们建筑界，讨论的哲学家还是拉康和维特根斯坦，能谈到罗兰·巴特和福柯，就已经很了不起了，但都是三十年前的范式了。我们的世界已经完全改变，我们的建筑也在改变。如果我们的建筑学思想范式不进行改变的话，我们的建筑学就已经到了尽头。

我触动建筑学有两个方向，第一个是所谓狭义的建筑学实践，第二个是社会学的推动。建筑学实践先基于建筑互文性，帮助我解脱那种要纯粹一丝不挂地创新的幻觉。其次是类型学，一种对已知知识和现象的重新分类。通过分类形成设计的上句，以引入对偶这种中国特有修辞发现作为设计的下句，这是我建筑学的策略创新。在具体的手法上我关注于材料的半透明性表达和色彩的侵略性陈述。我着迷设计当中展现即兴、偶然和不确定性，避免落入对永恒、稳定、光线塑造空间的窠臼。我希望由此发展出我的个人风格。

至于我的社会学实践，用建筑学作为工具去推动城市微空间复兴计划，这个计划其实由三部分组成，一为卑微的空间设计；第二为迷失自己人生方向的女孩设计；第三为这个城市里没有存在感的人设计。

我所介绍的作品基本都是围绕这线索来实践并呈现的。我是建筑师，双子座，即兴，不确定。开始的时候，我都不知道我要做什么，没有一定之规。但我相信如果这个世界不够美，就让我们创造一个新的。

无法逃脱的邻居的恶意

网友去探访正在拆迁的水塔之家，门口小卖部的女人说水塔之家的那户就等着拆迁拿钱。我不由得想起助手采访水塔之家户主任先生的记录，自从水塔之家落成后，相邻弄堂的人来参观的很多，而本弄堂的居民既没有来，也不讨论这件事，仿佛这个轰动的事件不发生在本弄堂似的。

去年拆脚手架那天，我从水塔上下来，一出门就被周围邻居围了起来，一个声音从后面响起“就是他，他就是那个设计师”。以我的经验，面对弄堂的中老年居民的围攻，最好的方式就是，不响。围上来约十几人，睡衣，赤膊，那天中午刚过，烈日当空，空气中的水分几乎被蒸干，只留下浓缩的汗臭和高分贝的咒骂。他们不许拆脚手架，他们开始抱怨施工扰民，痛斥施工带来的潜在危险，尽管我觉得举的例子几乎捕风捉影，但我，不响。过了一会儿，一个在棋牌室或者停车场常见的矮个瘦男人大声叫道“你们腐败，电视台在汰钞票（洗钱）”，一石激起千层浪，大家开始七嘴八舌地发挥想象力，我饶有兴趣地听着他们如何用有限的道听途说的知识去拼凑一个达到他们想象力极限的阴谋论。其中一个高个圆规大妈最为兴奋，和矮个男人一唱一和，讲到关键处，手舞足蹈，手指几乎戳到我的鼻尖，空气中弥漫着她的唾沫和口气，我还是不响。以我小时候的经验，我注意到了在人群外围的一个穿着汗衫的壮汉，站在支弄的转角，怒目盯着我，每当批斗的声音小了一些，他就走出讲几句撩拨大家再度激动后，再走回拐角，继续盯着我，像一只伺机而动的狐狸。所幸现在的弄堂是没有狼的，对于狐狸，不响即可。

上海弄堂里的潜规则，被激怒而先动手的，基本会被简单判定为理亏的一方，所以不可动手，不响最好。这些义愤填膺的居民不知当年如何获得房屋的使用权，结果被狭小的空间束缚几十年，他们仅存的骄傲不过是住在上海的市中心而已。他们和那些原始屋主不同，他们从不关心自己的居住环境，借口贫困放纵自己住在破败的弄堂和房间里。三十多年过去了，这些人没有丝毫长进。

我看了一下手表，过了半小时，嗯，差不多了。于是我发了一条短信给施工公司老板让他善后，他回道“明白，钱而已”。我不会去求助居委和电视台，施工公司自有和他们打交道的办法，在这之前，他们需要有个出气筒，那就是我，这并无不妥。我最后叫了优步，在被围了 45 分钟后，走出了这个弄堂，围我的人晒得有些累，骂人也是很耗体力的，再说没有任何理由可以限制我，也不能先动手，加上我一直不响，所以只能放行。我走出弄堂口时看了一下那个卖咸鱼的女人，刚才因为看热闹还很兴奋的她躲开了我的目光。弄堂就是这样，一个挤在弄堂做生意的外来人，对外人来说似乎是弄堂的，而弄堂则一直把她当外人。我这时才注意到，空气中还有咸鱼味，嗯，是咸带鱼，久违的味道。

我同意给任先生改造他的水塔之家，是因为即便在这个黏糊糊的环境中，他们最大努力地保持了清爽的家、仪表和乐观。我第一次走进这个弄堂时，就感受到周围邻居警惕的目光，对于我这个穿过无数陌生弄堂去朋友家玩的上海人而言，这种目光最熟悉不过，唯一的对策就是，不响。

任先生家的屋顶和墙壁因为漏水和保温失效，需要翻新。我和施工公司一起讨论最快的施工计划，一定会有人举报，等相关人员上门看到正在翻修的屋顶和墙面，追究起来，工期会耽搁。我强调改建不能改变轮廓线，不能增加外观上的搭建面积。我要求开始施工的时候要悄悄地，施工时要紧闭入户门，杜绝其他人进入，不过我知道上海弄堂的邻居是阻拦不了的。等外墙和屋顶翻修后的第二天，接到举报的相关部门人员果然进入施工现场，工头如实回答了问题，没有改变轮廓线，没有增加外搭建面积，于是工程如期进行。

有一次我巡视工地时，看到工头坐在门口的建材上，我问他为何不上去，他说如果门口无人看管，建材就会无故缺少。等最后收尾的时候，我买了一大堆绿萝来装饰立面，我想这绿萝是最便宜的植物，估计没有人盯着，结果下楼一看，还是少了一半。我和施工公司老板一合计，就把整栋楼外墙都刷了，至少让本幢楼的居民得益，尽管很少。不过这也是批斗我的居民的指控之一，为啥要刷整栋楼，你们在浪费钱。不过显然这不是无用功，那些曾经丢过墨汁的水塔居民并没出现在围攻的人群中，也许这道多余的工作也适当地在反感的人群中画了一道看不见的界限。许多人通过电视看到楼里居民拒绝安装电梯而百思不解，不过那是另外一件事，但无论他们同意与否，任何一部电梯都不可能有条件安装。

从勘察到落成到拆迁，我只见过户主三次，我和他们保持适当的距离，就像我从小到大都对弄堂保持一种距离感那样。我不需要他们感谢我，对我而言，这不过是可以预见的成功事件而已，我已经获得够多。今年 8 月底，老任搬离水塔之家，他才住了一整年而已，我通过电视镜头无意拍摄的细节，只知道他分到两套房子，远在申江南路，靠近野生动物园，他不能马上搬进新居，因为安置房还没出地面，需要在其他地方过渡两年才能入住。我不知道他是否拿到了现金赔偿，但 39 平方米的拆迁在如今的上海并不如大家猜测的那样可以一日巨富翻身，相反到了遥远的郊区，就失去了熟悉的相爱相杀的市井、教育以及医疗、文化资源，他亲手改建的水塔变成一个居所，和那些占据石库门又迫不及待逃离的邻居不同，他的搬离可以算一种驱逐。

电视台节目播出后，公布了所有的装修费（含钢结构和土建），硬装和软装，以及所有家具和家电，39 平方米 36 万元。还是有人嘲讽道，

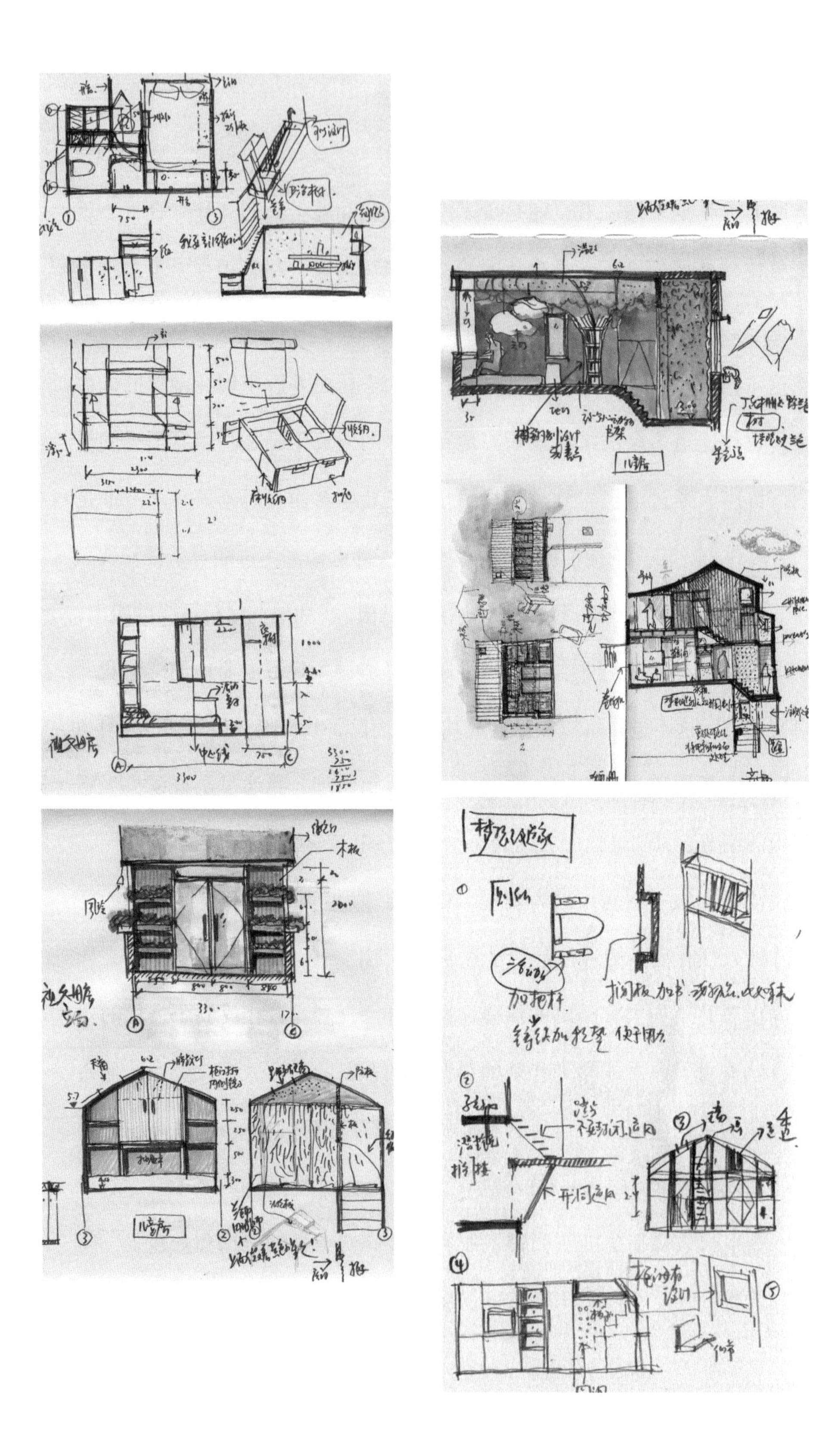

收纳。
木板
儿童房
书架

俞挺手绘草图・水塔之家

太贵了。是呀，我们周边都是“几千块有一个新家”的宣传，生活明明教导我们物美价廉是传说，但大多数人对此坚信不疑。因为我是建筑师，没法和其他室内设计师获得额外的赞助。脚手架的搭建和拆除、垃圾的清运以及看不见的零碎支出，都是需要费用的，装修工人的工资是按日计算，一刻不容缓，加班一定要先给钱再做，做错了返工也要收钱，工头央求我尽量少改，做错了就将错就错。当然，所有成本中不含设计费以及各类工程师的工时费用，这其实才是大头，我承认这是个交易，用设计费换来曝光率，但事实上每个设计师的投入都是相当惊人的。而对设计投入的认识不足，每个参加这个节目的设计师如果要收费的话，设计费基本要和造价相当了，而公众是没有这个意识的，你在互联网上总能听到如同邻居那样的讥讽。

在互联网上，我们和那些不认识的人构建了一种新的邻里关系，幸亏大多数的邻居还是积极和善意的，但总有恶意的邻居，对此，我的态度还是，不响。

建筑是件华丽的工具，

我们用它来创造 **梦想**

我的新建筑学宣言

序言

新建筑学正在旧建筑学放弃的边疆上茁壮成长。在可预见的未来，旧建筑学不过是新建筑学的事件之一，一部分关于经验的基础知识而已。

新建筑学是基于一种新的观察和认识世界的范式，即热力学第二定律发展而来的复杂系统范式。世界是事件的集合。就此，新建筑学认为，建筑就是经过特定分类和筛选后的事件以构建关系的特定方法形成的特定事件。建筑师需要通过如何开拓事件的种类和多样性，如何发掘和收集事件，如何分类筛选事件，如何构建事件关系，如何创造事件集合的最终形态来做出对世界和人类社会有推动意义的创新。

所谓事件包含并不限于旧建筑学的经验知识，它和一切可能性都有关系——甚至包括这天早上起来，潮湿的空气让你焦躁不安，有一种按捺不住的因为潮湿而试图想表达什么的这种情绪。

旧建筑学

旧建筑学是基于这个认识论：世界由物体组成。就此，旧建筑学似乎应该研究建筑学相关的物体本质、物体属性和物体之间的因果关系，以及扩展到实际世界中创造并可复制的知识和物体。

可惜旧建筑学并没有就建筑学基本物体的定义以及本质达成一致，旧建筑学的基本物体或许是空间、光线、基本材料。基本关系或许依靠结构、建构来建立。但现实生活中，建筑学受规范、规划、政策、工艺、管理、设备、结构、新材料、技术、功能、施工、建筑美学和历史形式等形成的限制条件以及发展出来的属性的影响更大，建筑师不需要回到所谓物体本身就可以依据这些客观经验知识进行创作。旧建筑学最后在职业培养、学术教育之间形成了鸿沟，结果是行业内各行其是。

在这个鸿沟两侧，大家都借用历史、文化、传统、习惯、风俗、地理、气候、地域、生理、艺术、文学作为物体存在的解释和构建物体关系的二级工具，借用的结果是创造了越来越多的修饰语。

如果更进一步借用宗教、政治、生活、哲学、文学、军事、金融、市场、营销、媒体、心理、信仰、产业、市政、政策、城乡差别这些概念术语来形成物体，甚至实际情况是上述这些才是表面上最直接的决定因素，旧建筑学反而被此役使。

旧建筑学是新建筑学的事件之一，但新建筑学并不把旧建筑学看成单一事件。旧建筑学也不是以完整的事件存在于新建筑学之中的。旧建筑学在已定义的事件内依然有着各种各样的微创新，可改变不了旧建筑学作为事件本身，因为收敛而日趋不活跃。不过绕过旧建筑学谈新建筑学是不成立的。换个角度看，旧建筑学也是由无数事件组合而成的，如果以某种分类方法就某个事件联系集合之外的事件就会形成新的事件，那么旧建筑学坚持的某些物体概念就不存在了，新的观念也就随之而生了。

新建筑学要做什么

如果安于现状的话，旧建筑学的这点经验和知识就够了。

目前正如某些目光如炬的建筑学者所担忧的那样，旧建筑学的“外部环境失去活力，且内部环境日益封闭，专业雄心减弱”。我们预感继续这样下去，旧建筑学会很快死去。

建筑作为人类生活的载体，人类的历史、记忆和贯穿始终的情感以及思考都和建筑息息相关。即便如今我们在无数移动的场所中同样创造着众多事件，不过这移动的场所（从飞行器到汽车）也可以看成某种建筑的变体，也被固定的建筑所定义。没有人类生活，就没有建筑。面对 21 世纪社会的兴盛发展，建筑学却保持了沉默。

建筑学不应该仅仅满足创造一种遮蔽物的原始诉求，那些看上去没有联系的建筑因为人的活动而在不同时间、地点被不同事件联系在一起。建筑其实是巨大的物质的网络。它一直在被发展的人所塑造，同时也塑造着发展的人。如果我们把各地大大小小的建筑看成一个事件，这个事件包含着前所未有的丰富的人的信息，这也是虚拟世界所亟须的巨大信息，我们不应该视而不见。

所以新建筑学的挑战是在重新筛选和分类旧建筑学事件的同时，需要以建筑作为工具去深入探究发展的人类的极限，推动人类突破自己的极限，联系并创造更多的事件，或者反过来创造建筑学的新类型而更大地拓展建筑学的领域。就此我认为，建筑学首先要在九个与人相关的、彼此交织共鸣的事件上持续地进行开放性思考和实验。

新建筑学的九个事件

1. 身体

夜色从文艺复兴时代设计的庭园渗入玻璃窗，宛如所爱女人的汗液般渗入我们的身体。

——《孤独美食家》

我们透过身体的运作来感知和认识世界，而视觉仅仅是身体运作的一组事件。身体是一种生物有机体，更是文化产物，集合了各种各样的事件。身体无疑就是一个战场，围绕身体的论战从街头巷尾到卧室甚至在网络上越战越烈，但建筑学却令人惊讶地保持了沉默。

一方面，旧建筑学和身体保持了距离，甚至用冷漠单调卫生的空间或者模仿宗教性的空间暗示了对可朽肉身的不屑。建筑学对不同身体的差异性以及身体自身的不稳定性和不确定性的漠视，结果把身体抽象成了红蓝尺或者规范。千差万别的身体在普遍性的规范限定的空间中生活，曾经这被看成科学的（事情），如今却变成了桎梏。建筑学一成不变地沿用了旧的人体尺度来塑造建筑，而没有去试探身体进一步的感受。其实如果建筑师用已知的、经验的建筑学手段去触碰这些身体的极限，一旦突破了现有的极限，就可能会发现适应身体的新形式。

另一方面，如今诠释世界时倾向于优先选择视觉。旧建筑学被视觉的表现形式——图像所控制。流行的图像支配着社会的视觉表征，在一定程度上控制着其他人并造成一种恐慌的幻觉，必须和普遍盛行的图像保持一致，否则就会有被边缘化或被忽视的危险。就此，作为建筑师的我们会不自觉地在视觉单一层面上进行创作。可惜没有建筑师用建筑去探讨这种自发行为的原因。

视觉在建筑学上和形状、颜色、肌理有关。当然很少有人谈及色彩，为什么呢？因为我们被一个成见束缚住了，少即是多。材料要真实，装饰即罪恶，建筑师不自觉地把装饰和色彩从头脑中摒弃了。但是，少即是多是真理吗？不，它仅仅是观念。

观念可以帮助建筑师创造一种新的类型。又比如建筑要真实地表达结构和材料。这句话也是一个“观念”，你很难说它是对是错；但是这个观念可以帮助建筑师发现结构表现主义、材料表现主义。但是总归，它不是“真理”，就此我也可以反过来认为，“装饰”也是一种可以接受的观念，这个观念同样会帮助建筑师发现一些新东西。观念可以对，可以错，可以不真，但是变成教条就没意思了。教条一旦限制了我们发现新东西，它就可以随时被改写。

和身体相关的感受不仅是视觉，还有听觉、嗅觉、味觉。只不过这三种感觉，很难转换成可感的形式，但是如果有人能把它转化为可感的形式，并且得到了认可，这就是对旧有经验的突破，是创新。可惜的是，我们大多数建筑师已经把这三种感觉忘掉了。建筑学似乎没有忘记触觉，但建筑学的材料乏善可陈，完全忽视世界给予的各式各样细腻的触觉。要知道建筑材料的肌理未必等于触觉，我们需要学会判断材料或者肌理是为了视觉而塑造，还是为了触觉而塑造的。这两种目的对建筑所产生的结果极有可能是不一样的。

探讨身体又怎能忽视欲望呢。“观念”是人们思考世界的产物，相对地还有无须思考的本能，即“欲望”。建筑学对欲望其实是有所思考的——它有创造真理的欲望，即塑造永恒和真理。不过这个欲望是“观念”赋予的。事实上，人还有许多直接的卑微的欲望则被“观念”忽视和刻意摒弃。当你研究身体的时候，会不自觉地产生一些关于生命的想法——比如生命短暂。于是我们不自觉在建筑学中希望建筑能够抵抗生命的脆弱。追求坚固、永恒和真实。但其实坚固、永恒和真实也可能是一种幻觉，如果我放弃对它们的追求，直面脆弱的幻觉的建筑学，这样我所表达的建筑学和我们现在主流经验上的建筑学是不是又不一样了呢?

我们不得不承认在目前的建筑学里几乎没有人用建筑学研究身体，试探身体的极限和可能性，从五官到我们的欲望，到我们对死亡的恐惧，都很罕见。所以新建筑学要求建筑师重新认识并探索身体,不仅仅是通过视觉，而是要更好地运用其他的感官。更重要的是，不能回避研究身体的情绪和欲望。新建筑学要能表达出身体作为事件的不确定性和不稳定性来。

案例：九平方米的尊严

九平方米的五口之家是针对上海蜗居的改良性研究计划。由于地方局促，家庭成员形成了一个轮流使用主体空间的时间表。集体用餐时间最短，菜以腌制品为主，所以全家偏瘦。经过测量，全家最高的成员高 172 厘米，重 130 斤，由于经常弯腰，人有些佝偻，实际高度 168 厘米。最老成员 73 岁，无残疾；孙子 16 岁。

在无法扩大建筑面积的情况下，我们无法参考任何规范，只有利用每一厘米为其量身定做出垂直分布的三张床（最高的床，属于孙子，床扶手兼做微型书桌，通过推拉隔板和纱帘，床可以形成各自的私密空间），沙发区（即起居区），用餐和工作桌合一的台面，电视机以及嵌入了原来没有位置设置的含有淋浴的卫生间和冰箱。把外墙结合采光通风设计成一组结合户外的开放厨房，洗衣机、空调室外机组以及放置绿化盆栽的复合功能立面。原本的局促空间里很沉默，为了有足够的隐私，说话声音小同时

九平方米的五口之家是上海蜗居的改良性研究计划

交谈的频率也很低。成员各自在自己的区域里做自己的事或者利用户外社交。改良计划里的沙发区是为了增加家庭交流的有限空间，但作为建筑师不得不承认，人对空间的适应能力固然强，但也被它改变了生活。不过值得尊敬的地方是这个家庭依然坚持要有一个角落作为神圣空间来安放他们的神。

2. 身份

布朗小姐，我怀疑您并没有为蝴蝶而生，而是为它带来的颤动感觉而生。

——《世间万物》

人类在物质方面极大地丰富了，但随之而来的竟然是一种挥之不去且愈来愈强烈的“一无所有”的感觉，尤其是这感觉后面的不安和恐惧。我们意识到这种不安和恐惧背后是对身份的认知。面对这种不安和恐惧，我们有许多艺术作品和人文研究来探讨，可惜建筑学又一次沉默了。

个体可以在不同情境下和不同群体发生认同。所以身份具有多种归属关系和多种特征。身份是在特定文化和政治环境下获得的，而不是生来就固有的。建筑学需要从个体的多样性身份发现一种新的看法来反抗二元思维和欧洲中心主义。更不能忽视那些跨越种族、阶级、身体障碍、国籍和民族等旧有界限的各种欲望。

被视为文化多元化主义已经演变成为一种在某些范围内将多样化人群同化的体制化策略。这些参照范围表面上假装很重视不同的身份标记，而实质将有价值的差异同质化，掩藏了以西方文化背景的建筑师身份为单一凝视主体支配着其他不同身份的视觉表征这一事实。同时把西方以外文化背景下的建筑师浪漫化，把他们变成具有异域风情和外来意味的他者，从而让他们丧失了按照自己的方式表达自我的真正自由。最后无奈地在自己的文化背景里固化了身份的变异、转化和表达。

那么建筑学能否对身份做一次深度的尝试？而不是沦为广告词——“住进我的房子，就是拥有最好地段，彰显尊贵人生”——被迫用拼凑的建筑来表达某种虚妄的身份呢。只有独立强大起来的中产阶级才会以异质于传统的富豪和低收入阶层的方式来彰显自己的新身份。二战后的现代主义建筑适逢其时。当然这也一度造成错觉，觉得现代主义也就是国际式，是一种必须普世的风格，但劳工阶层希望借用柱头、拱券这些所谓代表富豪居住方式的局部来消弭自己的阶级挫败感。结果国际式被从布鲁克林到欧洲新城的工人们弃如敝屣。

面对当代“身份”的含义被极大扩展的潮流，建筑学有所应对和进行过尝试吗？有过一些，但是建筑学是用已知标签的方式也就是成见被动地去做的，而不是拿一个已知的东西去试探或者实验，然后根据反馈再改善更新。建筑师不会主动创造身份的建筑了，更不用谈建筑学如何关注身份的焦虑。当工人们欢呼国际式的廉租房倒塌时，建筑师后退了，建筑师选择视而不见或者妥协。于是建筑师再没有这个主动意识，也造成建筑学并没有真正去试探身份的建构，了解这些身份背后的焦虑，或者创造什么能够缓解这些焦虑。

我们所处的这个时代，世界范围内诸多相互交缠的事件已经重新建构身份。而建筑学本来应该是多好的建构工具啊。

案例：欲望之屋

在这个深圳双年展盐田大梅沙村“村市厨房”分展的设计中。我把城中村有些脏、事实上更为零乱的建筑以及其他介入的建筑师的可能性风格表达看成上句，由此引出一对色彩鲜明、本身互为对仗的整洁的下句。

我用粉色表达女性主宰的温暖且私密的家庭厨房。借用马蒂斯的颜色表达男性主宰的具有攻击性的营业性厨房。作品在社交媒体上引起巨大争议，主要的焦点在于为何用粉色这种明显的男性主义观点来定义和物质化女性。这种以色彩建构身份特征的讨论，很好地展示了不同文化背景下对身份界定的态度。

和欧洲女性的愤怒不同，大梅沙本地人包括小红书的博主们却着迷这种粉色。可惜无论喜欢或是反对，基本没有人会意识到在花花公子将粉色重新建构某类女性身份前，粉色在欧洲是小男孩的专用色，距今不过70年左右。我甚至觉得这种多样性解读是值得鼓励的，本身也没道德上的高下。但最后让人尴尬的是，没有人讨论男女主宰的厨房差异，更没有人关心男人屋的颜色，没有赞许也没有愤怒，没有。

欲望之屋：粉房子与蓝房子

3. 时间

“永恒有多久？”爱丽丝问道。“有时，只有一秒。”兔子答道。

——《时间的秩序》

我们一度以为时间标尺了万物的死亡、厄运和毁灭，所以建筑学追求坚固来表现永恒，来抵抗生命深处自遥远祖先无法预测的被猎杀的恐惧。旧建筑学成功地用静止和光线表现了享受世俗愉悦和成就并意识到终将失去这一切的张力，这是人类体悟时间和生命的最伟大神圣的艺术场景。对时间的表达塑造了旧建筑学的精神性和道德价值观。但建筑学就此在时间认知的洪流前裹足不前。

根据热力学第二定律，时间的产生是因为熵增，热量从高处往低处走就产生了时间，如果热量不走，便会呈现热寂状态，时间并非如我们所一度以为的那样，如直线向前，不回头。建筑学能够基于时间的新理解而创造出新的形式就是一种创新。

我们要明白有些东西的暂时性存在仅仅是为了体验目睹某个想法变成现实而带来的乐趣，甚至花时间去创造那类基本无任何用途的建筑也是有价值的。短暂、转瞬即逝然而又自相矛盾便具有了更永恒的意味。建筑学有必要去表达时间的更多可能性。

案例：八分园

建筑对时间的表达无非是通过空间序列的展开或者是以光线创造神殿般的场所来激发时间的思考。在写作本文的时候，我承认我以建筑对时间表达考虑得并不够。但我发现了八分园植入园林的被动意义。

中国人创造园林的目的是创造属于自己的物质和精神小世界。这个世界里的时间观是减慢的，是所谓山中一日世上一年的具体表达。在我们如今的世界被精确的计时器所定义的情况下，每个人对于无法避免地走向终局始终有个读秒的紧迫感和焦虑。园林所减慢的时间的现实意义就突显出来了。

但园林其实蕴含更高级的时间观。充满温情地赞叹细微的瞬间的当下之美，饶有趣味地欣赏生命轮回带来的满意。轮回是当代人已经不相信的一种时间观，但观念所构筑的身后世界成为生命互动的下句，彼此轮回交替让生命不再恐惧于单一的终点。最后这时间观贡献出了中国园林最重要的特征——生机。

4. 场所

似乎正窥视着不该去窥视的东西，也因此更加想要去窥视。

——《一幅画开启的世界》

八分园庭院

一个真实的场所存在于空间之中，空间是日常体验中的三维场域。时间和空间在一个场所里汇合，场所就具有隐喻和象征意义。这其实比建筑所呈现的形式更为深刻。

场所可能是个人身份的核心层面，可以是真实的，也可以是虚构的，或者交织在一起。场所是可能性、假设性和幻想中的一个地方——有可能发生某事的场所。它存在于空间中，渗透着不同的社会概念，形成外观或者文化的空间，有的会引起强烈的生理和情绪反应，唤醒身体意识，场所具有的物质和符号价值能够创造变动的不同纬度的精神。

任何人对场所的审视、观察和认知都渗透着社会概念，少数人会注意到天气和光线可以象征投射到场所上的人类情感。如此，社会概念创造场所也持续在外观上改写场所。比如当下，真实和虚构的区分在逐渐消失的时候，公共和私人之间的界限也迅速变得模糊不清。如果从事件的角度看，真实和虚构、公共和私人彼此以不同尺度的场所互相镶嵌。而场所也不拘泥于固定的地点被移置或者改写，甚至没有尽头。

这一切激发了我们对深度知觉的意识，身体意识、身份意识和时间意识，刺激我们建构更具想象力的世界。

案例：有空客厅

等房地产开发大潮缓慢下来，居留下来的居民却悲哀地发现漂亮的小区是社区生活的荒漠。等外卖、快递可以直接进入住户之后，居室就直接暴露在城市前，小区作为安全的边界也名存实亡了。

有空客厅把快递、外卖、超市、会客、家教、阅读、聚会、分享、儿童游戏这些社区功能复合其中，形成小区内步行15分钟可达的共享客厅，成为小区和城市的过渡场所，而不需要求诸城市。这也是逐渐稳定下来的居民需要建立长期熟悉的社区生活和邻里感情的诉求。

客厅的开放是针对熟人的，这是社区生活和邻里感情建立的基础。客厅在空间设置上是封闭的，在视觉上却是半开放的，这345平方米的小空间里形成了层层叠叠的层次和曲折丰富的空间。这样客厅的光线吻

有空客厅：蒂芙尼蓝阅读屋

合成都不确定的日照形成了模糊的感受，由此每个熟人都在此可以心安理得地社交和分享，或者在心理信任的基础上认识新朋友。

是因为成都人对邻里社交生活的热爱，有空客厅才能在此落地。有空客厅是对原来居住区规划的修正和更新，作为一个新的标志性场所成为一系列小区更新产品的第一个案例而具有了文化示范意义。有空客厅是分享的地点，这些分享不仅仅是货物或者食品的分享，还是话语的分享、欲望的分享、记录的分享、经验的分享和美好回忆的分享。它是藏在成都这个幸运城市里的骄傲。

5. 技术

科学活动并不是处于某个更高的道德和精神层面，而是也像其他的文化活动一样，受到经济、政治和宗教利益的影响。

——《人类简史》

具有可持续性并普遍有效的技术才能推动社会真正进步。

我们需要那些看上去无用，满足个人英雄主义的特别技术，但它们仅仅是偏好。

技术有能力发展出和真实世界平行独立的虚拟世界，在未来，不同技术和人创造的不同虚拟世界会因为真实世界而彼此影响，最后也会重塑真实世界。虚拟世界就是某种程度的真实。

科学和生物工程方面的实验提高了将人类和其他生物体融合的转基因生物创造概率，使我们赖以生存的身体和这个星球上的其他物种区别开。药物、生物工程、外科手术和机械改造我们身体的同时也让我们有了新的能力感知世界。

案例：结缘堂

用夯土、混凝土、木材、玻璃和白色涂料，有时用砖或乱石在遥远的乡村创造一种西方文化背景定义的地域性建筑其实并不地域性。文化的继承和发扬并不在于所谓美学图景的拼贴使用，而在于沿着仍在当下影响我们的痕迹以普遍有效的技术创造出超越城市的场所才能复兴乡村。

我认为到乡村去寻求短暂平静的城里人，仍无法摆脱婚姻、财富、教育和健康所引发的一阵阵有如波浪袭来的焦虑。在广袤的乡村，2000多年以来都有朱丝萦社的行为（用红绳或者红布缠绕或者披挂自然物，比如树木、巨石或者神像而引发的崇拜），这帮助当地人获得安慰的仪式激发我在路边山洼处以红绳打造一个思考或者祈求婚姻和爱情的结缘堂。朱丝也成为自唐代以来婚姻之神月老联系陌生男女婚姻的红绳。

我最后找到大界机器人用连续的一根7200米长、喷漆上色的碳纤维编织了全中国第一栋全碳纤维建筑。树脂处理过的碳纤维既能受拉又能受压，构筑了结缘堂的地面和墙面。我强行要求碳纤维按照一个基本的三角形编织而不是试图找出适合碳纤维受力表达的形式，是因为我坚持认为一种技术的普遍有效在于能够处理最基本的单元而不是基于塑造特别的形式。

最后这个结缘堂激活了这片乡村。

结缘堂立面

结缘堂鸟瞰

6. 语言

君王论提出大丈夫行事应如字谜般令人捉摸不定，才能发挥最佳效果。

——《英语的秘密家谱》

有时，我们不得不承认是语言统治着视觉，评论家偏重以语言文字形式的分析。而建筑师也以宣言或者借用评论家的语言形式来诠释自己的创作。可惜这是旧的观念。建筑模型博物馆是由5653根直径为32毫米的钢管建造的一个未来垂直城市[1]最后的堡垒（the Last Redoubt，名字来自1912年的科幻小学 *The Last Land*）的白色模型。

建筑师把各种文本（语言片段）镶嵌在一起拼凑成设计的托词，被评论家以语言击成粉碎。有趣的是评论家只有语言，但建筑师还有建筑。其实语言就应该是设计（建筑），不同文本（语言片段）之间的联系和互写都表明统一性的崩塌，不过没关系，建筑师需要用新的统一性形式来表达文本的复杂性、多样性和丰富性。

语言是一个有意义的、越来越复杂的超链接事件网络，能够表达复杂的思想，并使抽象概念具体化。语言是用来表达叙述的，但如今的叙

1　垂直城市：按照建筑界的通俗解释，垂直城市指一种能将城市要素包括居室、工作、生活、休闲、医疗、教育等一起装进一个建筑体里的巨型建筑类型。在垂直城市里，可以提供所有的城市功能。

事结合了机智的讽刺、社会意识和碎片化。叙述打破了意义单元旧有的习惯次序。比如词语在句子中的不同位置或者在口语中的不同语调都会发生意义的改变。这给了建筑师灵感，从令人炫目的奇思怪想到优美的诗意，再到深刻的哲学悖论的沉思冥想。

建筑师在各种语言（文本、话语和视觉表征）试图维系的固定单一意义的权威被瓦解中发现了语言的空间性和物质性，并更深一步理解被分解的词语背后隐藏的意义。由此发现新的呈现语言的方式来建构建筑的意义联想。然后更进一步为作为社会景观的建筑注入意义。从这点讲，语言就是设计。

语言也有表达的缺陷，有些东西无法表达出来，无论我们怎么创新，一些基本的感悟和思想无法直接言明但又是源远流长的，我们可以选择超越这个感悟，也可以给这个感悟赋予新形式。

案例：建筑模型博物馆

建筑模型博物馆是由5653根直径为32毫米的钢管建造的一个未来垂直城市最后的堡垒（the Last Redoubt）的白色模型。博物馆收集的所有当代知名中国建筑师的建筑模型以漫画家A.B.Walker预言的方式安放在这个原型来自珍诺比亚的轻盈之城上。

我把进入博物馆的电梯厅设计成黑色的黑暗大陆（the night land），成为最后的堡垒的上句。建筑模型博物馆就是一个关于现代和未来的预

建筑模型博物馆主展区·星际牛仔

建筑模型博物馆主展区·铳梦

言，里面埋藏着14部科幻电影和2部科幻小说的彩蛋。

没错，整个设计对未来城市做了推测并形成了形态，是一部雄心万丈的剧本，它诠释了写作就是设计。

7. 美学

在一切自我呈现这个意义上说，“就是一种光芒”。

——《试论疲倦》

纯粹追求美没啥可羞耻的。正如崇高激发我们在道德上的优越感但实际未见得如此。甚至我们不得不私下承认，所有对于建筑学的思考和实验最终都会以前所未有的风格展现，并垂范史册。

美学作为一个复杂性事件，本身就是多元多样和开放的。没有所谓唯一或者最高的美，只有已知的美但不知道用哪种新观念来改写形成的美，或者未知的还没有表达出来的美。对美的表现也可以帮助人透过美的形式看见人性某些还没仔细思考探究的罅隙。

就此我梦想用建筑创造一个能矗立在黄金时代的神话，尽管在现实的摧残下，这个神话似乎有些渺茫，不过这些年来我坚持用看上去有些满不在乎的笔触在建筑上去描绘人类内心深刻的力量。建筑是可以满足我的，建筑是全世界，它与周遭并存，和其他人可以毫无干系。请闭上眼睛，因为最重要的东西，不一定是肉眼能够看到的。

作为一个生活在水汽迷蒙的江南人，我相信美学可以是这样的，所有艰难的训练和思考，在最后都要表现出不可思议的轻松。

案例：一个人的美术馆

这次我想试试影子轮廓的表达。作为上海人，常年晦明不定的天气造就我对影子的敏感大于如雕刻般的阳光。

我用三层透射度在 50% 的阳光板作为立面。光线帮助我创造了美术馆在视觉上的三种基本变化。在反光或者阴天，它就是一个纯粹的白色体积。夜里，内透光美术馆像个巨大的灯箱。这两者都展示了建筑的实体感受。

但这都比不上在阳光和煦的下午，树透过本该是实体的墙面以剪影出现在室内，模糊但很真实地消解了墙体的实体感和物质性，让室内变得有如户外。阳光投射进这个空间，这个时候我看到了一种新的但又很熟悉的美。脆弱，短暂，充满幻觉。

8. 信仰

他们相信预言，追求征兆。在君士坦丁堡内，古老的纪念碑和雕像都是魔法的源泉。

——《1453：君士坦丁堡的陷落》

俞挺手绘草图 · 一个人的美术馆

是的，生命脆弱、短暂、充满幻觉。这迫使我们创造了转瞬即逝的最大幻觉——永恒。这成为我们所有痛苦的根源。我们对大于自我的事物的渴望、探索生命源泉和死亡本质的欲求，以及对宇宙中难以言表、不可捉摸的力量的认知都要求我们去探索精神层面。由此形成信仰。

信仰无须推理或者证明。政治、宗教、反宗教，包括生活、美以及建筑师所信奉的建筑，各种大大小小彼此镶嵌的信仰都意味着接受。

或者我们心存疑虑，对我们的存在和来世的可能性发出质疑。我们思考自身和周围世界的联系，并去审视那些看似无法解释的体验。

建筑学可以表达某种信仰。绕过所有建筑学基础事件而直接服务或宣扬信仰，有时可能是投机。建筑学也以为成为一种研究和观察世界的观念、态度或者工具，但建筑学不应该是信仰。

案例：李斌之家

没有经过考验的信仰都是值得怀疑的。李斌之家表达了我作为一个怀疑论者的态度。帕拉第奥让我们以为自希腊到中世纪的神庙教堂都是石材本色，这成为现代主义建筑的信仰，但事实上它们原来都是彩色的。面对矶崎新设计的光滑的白色画室，我决定用调过的灰色涂料并用模板压制肌理形成粗糙的下旬。我甚至用夜光的萤石作为墙裙表达了我的个人偏好，同时展示了一种对纯净派的藐视。

我用改写过的角天窗成为控制起居室的要素，读者就此联系到某种神圣空间。可惜我认为任何神圣空间的复制和改写都不是信仰，任何没有超验经历的体悟也不是信仰。大多数人以为经历或者复制一种神圣空间就是信仰，无非是幻觉。而在中国传统建筑中，神圣空间的设置可以是灵活的，可根据需求改变的，但必须是基于仪式的。丧失仪式的信仰也是值得怀疑的。

李斌之家的神圣空间是利用电梯间多余的无用的地方改建成蓝色光井。其天窗都是拆自旧房子。步入这个光井是有些麻烦的，麻烦造成了仪式感。结果这个偶然的神圣空间成为主人一个偶尔沉思的地方。

相反，在被看成神圣场所的起居室，在天光下，主人被取自他第一栋购买的公寓的内墙的红色所包围，常常陷于回忆。回忆基于当下的状况，甜蜜或者遗憾，但回忆不是信仰。

9. 思想

> 身为人类，我们都是电磁残障。
>
> ——《真实的幻兽》

思考世界的最佳方式应该是基于变化而非不变，不是存在，而是生成。世界由事件组成，事件发生、变化、过程，不断转化，但不能持久。无

李斌之家 角窗（室外）

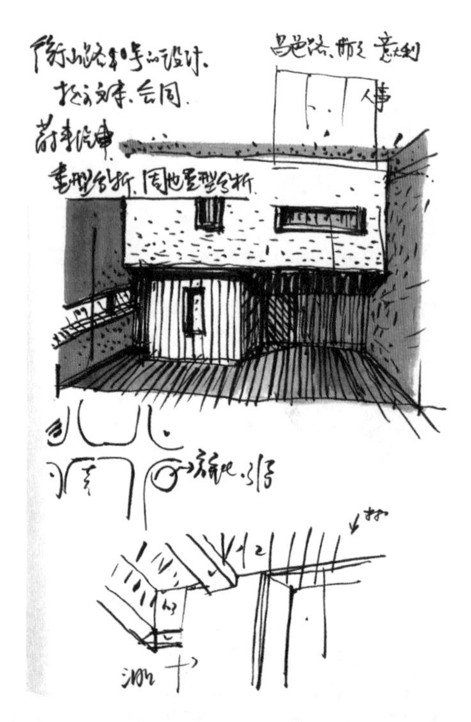

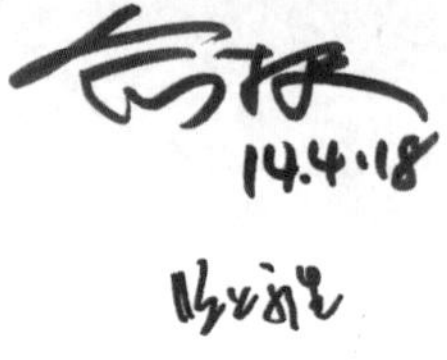

俞挺手绘草图・李斌之家

常是普遍的。

在事件的基本层面，原因和结果之间没有区别。事件之间的关联往往是幻觉。现象并不普遍，只是局部而复杂的。无法用一个放之四海皆准的秩序来描述。

我们幸运地处在这么一个时刻，因为当我们以一种模糊与近似的方式看待世界时，“特殊性”以概念也就是我们短暂认定的真理出现。

思想的确不直接产生形式，但是它帮助我发现隐性知识。创新就是发现隐性知识。

建筑学需要以建筑作为工具去思考人类的未来命运。直面未来，建筑学不能躲到历史、文脉和地域所构筑的果壳后面，而是以这些作为起点去创造更宏大的未来或者是卑微的神灵。坚固、永恒性或许是我们坚持的一种幻觉。但那种开放性、临时性、多样性、偶然性，意外或者短暂的失忆，瞬间的灵感，昙花一现的美丽和轻微的脆弱也是值得建筑学关注并由此创造什么的。

案例：长生殿

看完昆剧演员张军在沪西朱家角课植园的实景《牡丹亭》后，我明白他在浦东九间堂矶崎新设计的会所里的长生殿小剧场应该是完全彻底的虚境。

长生殿不是被所谓的文脉、场地等我们习惯的分析引导出来的。它是以张军某种表演形式为上句通过对偶激发出来的。

《长生殿》彩排

这是对偶第一次作为我的工具帮助我进行建筑设计。“虚”促使我不要去设计一个长期的固定的实体剧场。所以我没有改动矶崎新的立面，而是在其之上覆盖了一个可以升降收放的帷幕。我连原来庭院里的格局包括树都没有改动。在帷幕没有降落形成闭合空间之前，长生殿这个昆曲舞台似乎不存在。但当帷幕落下，观众席和舞台似乎合为一体，演员从四面八方进入剧院，乐队也安排在四面八方。落下的帷幕形成一个临时的封闭场所。长生殿昆曲舞台就此存在了。

《长生殿》是表演唐明皇和杨贵妃的悲剧爱情故事，帷幕可以被灯光染色，可以有图案，可以反射，可以半透明透出背后的剧情，更可以配合剧情升升降降展示复杂的人员调度。观众完全陷落在帷幕形成的这个虚幻但在那个时刻又是真实的剧场里。等表演结束，帷幕升起，矶崎新的立面再次出现在观众面前，我们又回到了原来的世界。

这个定时展露的小剧场不被看成一个建筑设计，甚至有人认为连室内或舞美都算不上。我知道成见很难改变，但我就此发现了自己的建筑学之路。它昙花一现般落成、表演和废弃，短暂得让人怀疑它存在的真实性，这才诠释了什么叫"如梦幻泡影，如露亦如电"。建筑如能以沉重的构筑表达如此之轻的体悟，才是让人神往的事。

我的模糊建筑学

我曾经嘲笑过博尔赫斯杜撰的"中国某部百科全书"的荒诞不经。但福柯告诉我"我们突然间理解的东西，通过寓言向我们表明为另一种思想具有异乎寻常魅力的东西，就是我们自己思想的限度，即我们完全不可能那样思考"。重新思考事件之间关系的魅力就在于打破这种不可能的成见。

既然这个世界是由事件而非物体构成的。建筑学可以成为建立不同事件关系的工具。当然它本身也可以是一组事件。这些关系的建立完全基于人的思考活动和观念，而不是遵循某种不变的成见，就此我们建立关系的方法可以是多种多样的。当你按照某种方式分类事件后，他们之间的关系就会被树立起来。事件的分类有两种方式，一种是以事件已有的组合为前提即成见进行分类；另一种是破除成见比如博尔赫斯那样去分类——这时候极具魅力的新关系就发生了。哈哈大笑的福柯写道“大量可能的秩序的片段都在不规则物的毫无规律和不具几何学的维度中闪烁”。面对事件，最有趣的就在于如何对闪烁的它们进行分类。

面对一个建筑项目，各种尺度大小不一的事件（并不局限于建筑的或者基地的或者历史的）以成见或者被边缘化的方式呈现，有的在我们的意识深处，有的则在历史的褶皱里。重新组织、筛选事件或者索性解构成见，发现深处的细微事件，加以特殊分类形成设计的上句并以对偶引导出作为下句的设计，这就是我的建筑设计方法。

我们看到的“本土创新”，却只是变着花样运用园林以及花窗白墙坡屋顶形式。以西方定义并命名的中国本土建筑师这个尴尬的身份，利用历史遗存的美学图景的形式的嬗变，即便把所有旧物都扯进来，也就多变几次，然后就没有了。至于“继承本土精神”，但是精神性有多种解读；缺乏引起普遍共识的解读同样也是没有意义的。目前在这个阶段，我建立建筑学事件之间关系的方法是对偶，将来它也有可能是我放弃的工具。对偶是非常“中国人”的工具。我和一个中国人说“青山”，他有可能会对“绿水”；但是我和一个外国人说“blue mountain”，他可能只会说“beautiful”。因此这是多么中国人的一种思维方式，这才是“本土精神”。借用对偶进入建筑学就是不局限于形式的本土创新，于建筑学而言是一种新观念。

我们认识这个世界的方式都不是精确的，比如你我面前的同一样物体，其实你和我看的这个物体并不能完全一样，我们只是模糊性地形成共识——我们是一致的，并用语言或者其他工具描述出来。就此我放弃了某种精确性的表达，去强化我喜欢的那种复杂的、层层叠叠的界面，半透明的、不清楚的、不直接的表达，我突然发现冥冥之中我已经在往一个方向前进，去追求一种不那么清晰、模糊、短暂、变化的东西。

我以对偶作为发现，遴选、建构事件和事件之间的关系。我着迷于不确定性，偶然性、即时性、多样性的事件。我用穿孔铝板、亚克力和膜为试验材料，利用反射、影子和色彩来表述这些事件，这就是我的模糊建筑学。

真相就像诗词，而绝大多数人讨厌诗词。

——《大空头》

放下成见的 let's talk

我决定在我和其他老师创办的旮旯酒吧二楼举行关于设计实践和思考的演讲系列活动时，一开始并没有明确的目标。我发现国内的演讲论坛，无论是建筑学还是其他行业，无论是长期还是临时的，最后都会变成一种物以类聚的圈子集合并由此陷于局限而前景乏力，这些演讲归根结底都是个简单系统而已。我希望我的演讲系列是一个复杂系统。它是没有成见的、开放的、包容的，可以听见不同的声音，可以看到不同的现象，没有预设，不限制听众，大家各取所需。

我是从 2013 年逐渐建立起一种基于复杂系统的思考范式。由此，我倾向于在任何与建筑相关的实践、活动和观察中去建立一个具有多样性和自组织原则的复杂系统。这个复杂系统的边界也许具有明确的外观但事实上却是不稳定的，同时在其内部则需要有互相作用推动淘汰竞争的子系统。在复杂系统里，我只要设定最基本容易操作的原则，让系统内部的要素比如人、功能按此自组织发展即可。我或许可以构建出这个系统某个特定时期的外观比如立面，但不保证它的未来，因为它的兴衰不在我的手上。而在这个过程中，最大的挑战在于如何克服自己的成见和虚荣。

复杂系统告诉我，那个丰富复杂的世界是从最简单的脱氧核糖核酸发展起来的。我是羡慕其他演讲组织者能够动用资源请到大师、明星和行业大佬，但我们的起步没有预算，没有影响力。我决定去找这些资源之外原本被忽视的资源，去发动他们加入我们。我希望把独立的哪怕不成熟的观点和实践以集合的方式呈现出来，或许我内心的成见是建筑学在媒体和教育中的表现太单一了。我希望打破圈层的壁垒形成交流并贡献出建筑学的多样性。于是我就这么做了。召集年轻建筑师、邀请职业建筑师来到旮旯酒吧抒发己见。我不限定他们演讲的内容，只是鼓励他们不要流于常规的项目介绍，而是更多地发掘自己平时的真实所想，或许就是这种没有命题的真实所想才能引起听众的共鸣。我通过开始几期的演讲，发掘可以组织下一场演讲的人才，在不触及政策红线的基础上放手鼓励他发掘有趣的论题和更多的演讲人，鼓励他们自己出海报，鼓励一种自主性，在这里，演讲人不是被动邀请，而是基于互相认可的互动参与，是大家一起来而不是我请大家来。我所希望的多样性就是诞生在这个自组织的基础上的。于是，let's talk 就起步了，任何听众都可以是潜在的未来演讲的组织者、演讲人和赞助人。后来知名的建筑师也加入了，这时我希望他们不是着力介绍自己的作品而是自己的研究、思考和感悟的点滴，这样演讲激发了更多人的热情，最后连室内设计师、景观设计师和工业设计师都加入进来。是的，如果你每期都在现场，你会感慨，这个世界是那么饱满充沛。

let's talk 是一个复杂系统，它开始膨胀，而这种膨胀已经不需要我特别来推动，每个加入的嘉宾、演讲人和听众都会去推动。这种大家一起来推动的演讲也帮助我发现了许多闪光的思想。我们的建筑学其实是个颇为壮阔的大海，但教育和媒体让我们只看到这片大海上的几座孤岛，我们甚至一度以为这些孤岛就是建筑学的全部。但事实是，大海上闪耀着许多灵光，let's talk 不自觉地将这些灵光集合起来变成光芒，它越来越亮，照亮了许多人，至于未来如何，其实不重要。因为一个复杂系统的诞生往往是偶然的，比如那是某天下午我看着空荡荡的旮旯二楼，突然涌进脑海的一个主意。

放下成见而乐见多样性的发展，就要克服炫耀自己成见的虚荣，因为自己的成见其实不过是多样性之一，可能因为其他多样性的观照而最终不值一提。乐见系统中自组织的发展，就要克服自己掌控的权力欲，因为一旦处处有自己，最终伤害了自组织也伤害了多样性。Let's talk 要走得更远，只有作为复杂系统的存在才有可能，我们所见的那些圈层式的活动和论坛，不是组织者没有理想或者不努力，而是因为最后变成一个简单系统，一个简单系统最终的生命周期总是很短的。作为复杂系统的

Let's talk，发展得更久，终究不需要我这个所谓的个人印记的。

许多朋友问我不断举行 let's talk 的终极企图是什么，并积极建议我将其商业化，他们认为不带来所谓经济收益的活动是毫无意义的。我认真倾听了他们的意见，并制定了不同版本的发展计划，最后都被自己否决了，大约在心底觉得这些计划并不是我真正想要做的。当《室内设计师》编辑来信要我谈谈我们在旮旯的活动意义时，敏于笔头的我却一直写不出来，直到有一天看到萨尔曼可汗的美国小伙子的报道，他拒绝了 10 亿美金的商业化计划，因为他认为他现在的生活方式比他能想象的其他方式都有意义。我们生于 20 世纪 70 年代早期的孩子，尤其所谓的好学生，一生都在追求所谓的人生成功的目标，依赖他人的赞扬而存在，但几乎没有想过这些所谓的人生成功的目标大多是别人定义的，其中没有自己。萨尔曼可汗的拒绝震撼了我，所以，去他的商业计划吧。让更多的人展现他们的专业观点和独立实践，让更多的人听见，这就够了。

失重的建筑师

经常有不同行业的人问我一个问题，建筑师是干什么的？我觉得建筑师是一个特别明确的工作，就像医生、律师，但是我遇到的行业外的人都会问我这个问题，并且要求帮忙做个家装。显然他们不清楚。但是你问建筑师的话，他们大多数会立刻充满情怀地描述一下建筑师的伟大历程，干了什么了不起的事情，其实他们自己也不清楚。建筑师内和建筑师外的两个世界是完全割裂的。

建筑师的定义

建筑师是干什么的呢？英文，Archi-Tect，其希腊文词根转译成英文就是 Chief-Builder，工头，对，就是工头，有文化底子的工头。那么建筑师的通常定义是什么呢？根据维基百科的定义可以做出如下解释，建筑师的工作比较复合，第一他要在图版上进行规划设计；第二他要监督整个房子的建造，这个权力就大了，这个房子造得好不好，房子结构是不是安全，房子的建造是不是符合规范，这些都是他要做的工作，但这可以理解。而下面这个工作大家就不一定理解了，就是要保证建筑设计和它的架构能与内部空间和周围产生关联，这是什么意思呢？就是要提供的服务能为人所用，不能让人用得不舒服。这就有趣了。其实大多数情况下，我们经常会被批评，你这个房子怎么漏水，然后有建筑师愤怒地回答，我给你创造那么好一个形式，漏水关我什么事。但是建筑师的职业道德就是要保障建筑设计的架构能与空间内部产生关联,同时能够以人为本,为使用者提供服务，同时能够提供造价控制，能够提供一系列完善的全部服务，这是建筑师的职业道德和责任所在，漏水当然是回事！

明星建筑师的抓眼球元素改变建筑师定义和教育

社会上关于建筑师认识的状态已经改变了，变成了明星建筑师才是建筑师。现在的社会是一个全媒体社会，每个人都是媒体，每个人都想让大家知道自己发现了第一手资料，必须得有头条让大家注意到自己。明星建筑师可以给全媒体社会提供建筑学在视觉上的抓眼球元素（眼球经济，也被称为 Wow 元素）作为头条。我们都是标题党。尽管点进去后我们经常发现什么东西都没有，但不影响下次继续被标题吸引。建筑界现在也这样，看上去，哇！貌似改变了世界，其实这个建筑什么都没有改变。

一击即中，是成功学不是建筑学

明星建筑师的所为被称作 One—hit wonder，就是一击即中，一个建筑师一旦在新闻头条上广受欢迎，好了，他就成为一个了不起的人，他就誉满全世界，他在改变世界。比如安藤忠雄，中国的小年轻一讲到安藤忠雄都要跪哭。实际上安藤忠雄最了不起的作品都是在三十年前，现在他的创造力已大不如前，但这没关系，“一击即中”，只要那一把有了，就够他吃几十年老本。“一击即中”的成功，使我们都变了。哪个人不想出名，哪个人愿意做苦力，站在工地上去跟工人交涉，何况在这期间也根本看不到任何好的结果。所以大家都想做库哈斯，在库哈斯写的所有关于 CCTV 的文章里，他不会提到一个上海的建筑师叫汪孝安，华东建筑设计院的总建筑师，一个辛辛苦苦帮他把所有脏活累活都干掉的人。但他会表扬民工，为什么呢？因为民工离他很远，不会分走他的荣耀。他不会去表扬汪孝安，因为这人干脏活苦活，是个近乎伟大的建筑师，会分走他的荣耀。在这种情况下，你想想看，年轻人谁愿意做汪孝安，当然都想去做库哈斯。全媒体社会让所有年轻人的追求变成我一定要一击即中，创作一个抓眼球元素，让世界所有的新闻头条都来报道我，成为全媒体关注的焦点，这样子我就成功了。这不是一个建筑学追求，是一个成功学的诀窍。

当一个抓眼球元素出现，我们一定要给他说点什么，没说辞，那不就是形式主义吗？我们所有的教育都暗示我们，形式主义是不对的，我们不能为了形式而形式，所以我们一定要为这个形式说点什么。

要说点什么呢？既然你已经获得全世界的荣誉，拿到普利兹克奖了，我们要给你制造一些词语，这些词语在学术圈里最终变成了一个重要的潜台词，就是建筑学能不能推动社会进步，建筑学所做的事情都是要推动社会进步，但进步的前提是为了制造抓眼球元素，而不是前文所说的建筑师的定义，那些干巴巴的工作不被认为是可以推动社会进步的工作，现在人们发现闪耀的明星和抓眼球元素可以推动社会进步，这个时候大家就会制造出许许多多的词语。

后来这些词语就会形成一个生态，首先要搞个展览，策展人就会应运而生；其次呢，要搞搞出版；再次呢，要延伸到评奖，展览、出版和评奖这是一揽子的活，所以普利兹克奖应运而生。当这些东西已经在社会上形成了生态，也就是整个全媒体社会都已经认可这种生态的时候，教育部门坐不住了，教育部门觉得这是社会所关注的主题。最后有关部门就会在教育学上去为这个生态进行改变，调整现有的教学课程内容从而适应这种生态。

建筑师不是艺术家

我听到一种声音，建筑学是一件个人化的事情。我听到这句话的时候，觉得有点悲哀。我跟石青老师有过一次谈话，我觉得很多艺术家，他们做的一件事情是拿自己个人作为赌注跟这个社会进行一次交换和博弈。有理想主义的成分，也有机会主义的成分，但是赌注是自己。

可惜我们建筑师的赌注不是自己，我们建筑师的赌注是甲方和将来这个房子的使用者，我们是拿别人作为赌注来跟这个社会进行交易。这就奠定了建筑师在很多情况下不得不是机会主义者，建筑师不敢用自己做赌注，而是用别人做赌注，但是他又想获得拿别人做赌注的那种赞誉。所以现在很多建筑师对外宣称自己是艺术家，不好意思，我认为建筑师充其量是有艺术品位、艺术眼光的人，但不是艺术家。因为他没有用个人作为赌注去跟这个世界做交换，他只是一个赌桌上飞苍蝇的人，这个飞苍蝇的人，即便飞得再多，也不能占据最后押上全部筹码的那个人所拥有的通杀的荣耀。我们的建筑师，拿别人做赌注的前提为自己所用，这无论如何也很难看得出是一个理想主义者的底线。

老师不太会跟学生讲关于明星建筑师赌徒的运气，老师只会跟你讲，如果我们要创造抓眼球元素，我们要有很多理由，所以说我们的建筑学突然看不懂了，怎么看不懂了呢？我们建筑学开始讲哲学了，全世界的建筑系都讲哲学和情怀，整个建筑界都要讲哲学，要讲情怀，但是哲学那么大一个门类，哲学研究的方向那么多，我们建筑学怎么讲哲学呢？结果你会发现，所有建筑学对哲学的研究都不可阻挡地指向一个形式语言，如果这个哲学能够引导它产生一个形式语言，那么这个哲学就是可以的。如果这个哲学不能引导他产生形式语言，他就不感兴趣，结果什么样的哲学成为建筑学的显学呢？类型学、现象学，都拿来试图发展影响建筑学的形式语言。还有一部分人觉得到形式语言是多么低级的事情，我们既然要推动社会进步，就要把建筑当作一个武器去推动社会进步。所以他们将整个建筑的理论政治化，整天讲建筑能够改变人，房子漏水也好，房子地震也好，他们是不关心的。

我们都是机会主义者

建筑师是一个彻彻底底的实用主义者和机会主义者，我们所有的实用主义和机会主义的目标其实很简单，我们希望创造出与众不同的形式，而这个形式能够帮助我们在这个全媒体社会中创造抓眼球元素，从而成就一个一击即中的机会，最后变成一个明星建筑师。这样的话，你就会发现，我们现在大学本科毕业的建筑系学生，基本上不能立刻投入建筑设计这个工作中，因为他们的思维方式已经完全被肢解掉，他们无法面对非常实际的挑战，当实际问题出现的时候，他们本能就会产生厌烦感，你竟敢对我这么一个胸怀大志的年轻人进行打压。我今天要做的就是来让大家看看建筑师究竟是不是会推动社会前进。这就是我要讲的第三个部分——失重。当我们在社会中追求抓眼球元素，再用理论基础为它背书的时候，我们造就的是一大批非常精致的机会主义者。机会主义的特点就是市场上可能流行什么，他就第一步站在那里，让后面看不到前面的人，以为他是市场的领先者，其实他不是。最著名的机会主义者就是菲利普·约翰逊，他总是能够站在机会主义的前头，自以为是领导潮流，那么我们身边有菲利普·约翰逊作为参考系的时候，就会发现大大小小的菲利普·约翰逊。在2013年以前，我也是菲利普·约翰逊的一个缩小版。与其说失重的建筑师是对建筑师的批判，不如说是对自己这十几年的建筑创作进行批判。

我认为，社会的进步基本上是理想主义者推动的，而不是机会主义者推动的。我仔细反思一下，觉得自己真的还算不上是一个理想主义者。前两天，一个机会主义者的大奖普利兹克奖颁发给了一个理想主义者弗雷·奥托，当他坐在战斗机上看到他的祖国陷入一片火海的时候，他就想创造一个自由的世界，他的五十年生涯都在致力于廉价轻盈的建造，他是一个理想主义者，而且他的确在他力所能及的方面推动了社会进步。但是现在建筑师圈子里面，到处都在谈理想主义，其实都不是。因为我们已经失重了，建筑师一旦失重，就没什么机会推动社会。

建筑学是个复杂系统

我认为建筑学应该是一个复杂系统，建筑学除了历史经验、审美体验、思想范式、人文情怀，更要涉及建造、设计、规划、建造、结构、水暖电、规范、规划、客户服务，要了解客户的想法，要观照城市的关系，还得要控制造价，在这一过程中，它是一个多么复杂的系统，而且每个子项都可以脱离大的项目管理，形成子项自己的自组织发展原则，你可以有建造师，可以有结构工程师，这些组织小系统之间互相联系互相促进，使得建筑学成为一个生机勃勃的系统。按照复杂系统，它的内部能够互相促进生长的话，这个系统是可以向外膨胀的，这样的系统生命力是很长的。但如果是一个单一系统、简单系统，也就是我们所推崇的纯洁性，甚至不跟外面做交流，保持我们的纯洁性，这样的单一系统，按照热力学来看，它会迅速死亡。建筑学如果沦为单一系统的话，那就完了。但是请大家看我前面的话，当我们所有的目光都聚焦到抓眼球元素的时候，我们会慢慢变得思维单一化。思维单一化的时候，我们就在建筑学研究系统上形成单一。纯粹的单一系统也许是不存在的，我们更有可能是第二种系统，就是伪复杂系统，一个系统里面有许许多多的子系统，这些子系统其实都是一个小小的单一系统，这些子系统之间没有频繁的交流和促进。这个伪复杂系统跟单一系统是一回事，一样会很快死亡。

建筑化

建筑学如何帮助设计变成一座房子呢？你会发现可以通过历史经验的拼拼凑凑来设计一个房子。这就是我们称之为商业建筑师经常干的活。那么，我们的其他方法是什么呢？假如你有一个灵感，然后你基于一种理论，可以帮助你设计一个房子。你的结构、设备、景观、照明、室内，似乎都能帮你设计房子。但是我要告诉大家，这是不完全对的，因为你的灵感、理论、结构、设备，其他一系列的东西，只能帮你找到一个形态。比如说我要把这个杯子变成一座房子，但事实上它变不了一座房子，一旦将它放大成 1 ∶ 10000 的时候，所有在原来尺度上的规则都会发生改变。

当你将它放大到建筑尺度，它在建筑尺度上有不可规避的原则和限制，只有经过专业训练的建筑师，在掌握了建筑化以后才能把它变成一个建筑作品。这个建筑化其实就是大学里需要训练和教育的。

建筑学的游标卡尺

不同的建筑能不能比出高下？不同的建筑师能不能比出高下？我用我的游标卡尺进行度量。假设建筑跟以下因素有关系，如视觉、听觉等，假设依据抓眼球元素，以视觉为先的基础上，你会发现建筑学会分形态、空间、色彩、机理、材料，我为什么把它做成一个梯形，在视觉空间中形状的创新比材料的创新要来得清楚明确得多，也就是说石青老师做了一个有突出的形状，比殷漪老师在一个旧形状上换一件衣服更能引起你视觉上的冲动，也就是在抓眼球元素这个加权上要高。建筑师是不是在形象上、空间上、色彩上、机理上、材料的哪个分项上做了创新。每个点上如果都有创新，厉害；只在一个点上创新和每个点上都创新，大家就能比出高下了。当建筑师综合上述各个分项创造出自己独特的形式语言了，那么他当然很了不起。

形式语言帮助建筑师覆盖各种建筑类型，那么风格就出现了。然后建筑师可以把他的风格学术化变成普遍知识，很多人来学，那么学派就出现了。等到这个学派被很多人在各个地方广泛实践了，主义就出现了。如果建筑师成为某个主义的旗手，或者首创者，当然比在这个主义下面某个视觉分项创新的建筑师的层次来得高。

这个卡尺上半段卡完以后，再让我们卡一些看不到的东西。第一个就是建筑学的极限。如果你现在能够让失重的体验成为地球上每个人的普遍体验的话，那前面讲的所有建筑师的创新都是个渣了，因为你改变了最基本的那个东西。第二，思考方法。我们建筑学的思考方法还在类型学，还在本体论，还在现象学里面打转转。而我们这个社会的认知已经大踏步跨到复杂性科学（复杂系统），或者超弦理论的时候，建筑学的认知方法一旦落后于最前端的思考范式的话，那么指望在思想方法上去推动这个社会前进是不可能的。第三，你只要把生产资料改变了，整个世界就一定发生重大的改变。或者，如果在生产工具上做出创新，那真是不得了，可以让很多东西发生改变。我说到这里的时候，请大家想想看，基石上的创新中，建筑师在哪里？建筑学的极限，思考方法、生产资料、生产工具，这些决定条件上我们没有看到建筑师的影子。这些决定条件放到其他行业里面也是很重要的基本项。如果建筑师没有在这些基本项上发动创新，谈什么推动社会进步呢。

忘了讲，在基石的最上面一条是许许多多人不愿意承认的审美。可惜在审美上只有偏好，没有先进。建筑师如果审美上经不起推敲，无法发展出自己新的审美形式的话，也会很快被消灭掉。不过审美也不专属于建筑师。这些东西都讨论完了以后，我们会发现有些大师就会出现在这个卡尺上被比高低的。

创新量尺

大师们对行业的重要性可以用第二个工具——量尺——来量一下。我把创新分成点子，就是那种一个小火花，灵感；第二级微创新；第三级创新。其中我把创新分成两个部分，一个部分是在已知知识情况下的创新。第二个部分是个人化反对已知知识的创新。已知知识的创新由于创新工作的前面有一个极限在那里，它可以永远让这件事情做得更好，而不是做得更差，另一方面却导致了他永远超越不了他前面已知知识的极限。而个人化创新知识，必须转为普遍有效知识，才能够变成刚性创新。一旦变成刚性创新，整个行业就发生了变革。由于刚性创新触动了其他行业，那么就是革新，多个行业发生变革。就会戏剧性出现一个主导行业，新的主导行业，那就是革命。我把大师们拿过来以后，往量尺里面一扔，就会发现，绝大多数大师都在创新以下。刚性创新在这几十年中还没有发现。

我们看看乔布斯，他改变了整个行业，乔布斯的手机，基本上人手拿出来都是这个样子的手机，他是刚性创新。他让游戏、网上支付、音乐等行业都发生了变革，消灭了其他很多大公司，他就是革新。如果再往上一步产生了一种新的工具，将他后面的设想全部带进这个新工具，那就是革命，他没有等到就过世了。

在度量的这个过程中我们会发现，有时候我们所激动不已的点子，其实连微创新都算不上。我们现在要鼓励往两个创新方向持续探索，第一个是在已知知识前提下不断深入；第二个是挑战目前已知知识而形成的个人化创新知识。只有在这两个基础上的创新形成足够的储备，才会出现那个刚性创新。

同时，我们还要发展一种眼光。什么眼光？就是在点子上发现创新所用的眼光，从一个点子到一个刚性创新，你要记住这是一系列的创新过程，它需要许许多多创新点帮助才能最后走到刚性创新，你不能因为有一个点子就要把后面所有的创新全否定。

建筑学应该还是个动力系统

我的一个大学朋友作为教授特别反对凭空有一个建筑灵感出来。他认为设计的逻辑必须先去调查，调查以后形成一个概念，形成一个概念后才能做出一个设计。我认为不可信，调查的时候，你已经有一个基本方法在那里，这个背景知识决定你调查的方向可能是有误的，按照蝴蝶效应，在动力系统中的初始状态稍微动了一下，就会形成极大的差异。如果你的调查形成的概念导不出你所希望的形式，你就会找一个转换工具，然后通过转换工具把概念变成一个建筑。我就问，你的理论是研究你怎么去调查这个结论，还是研究这个转换工具的，还有你研究转换工具的思想，又是借助什么工具来研究的。你会发现没有一个建筑理论家能讲得清楚，当他一讲不清楚就开始讲情怀，你会发现这个建筑理论家很有意思，都是双子座，像我一样，左边情怀，右边理论，但这个是不可能的。你一旦要用理论，就要去挤压自己情怀的成分来告诫自己，当所有人都拥挤在理论空间的时候，你会发现他把设备给剪掉了，他把结构给抛弃了，他把服务、规范都剪掉了，只留了一样东西叫建筑理论，这些人就开始慢慢飘起来了，失重了。

我认为一个建筑世界是一个复杂系统，但是我们理论家把它们全部剪掉，剪掉以后，你会发现我们的建筑学空间变得非常狭隘和单一，所以我有一句话：在建筑学的穹顶之下，飘满了机会主义幽灵。我们都在谈一些看不到的东西，但是回过头来还要跟这个世界发生关系，我们都飘浮在上面，失重就产生了，你把失重的人扔到我的卡尺和量尺上去，就会发现大多数人根本不存在，大多数人根本就可以忽视。

建筑师的生与死

建筑师必死吗？如果我们建筑学像我们所说的这样是一个单一系统的话，我们一定会死。为什么呢？因为单一系统其实是被这个全媒体社会包裹在一起，我们一旦成为这个单一系统，全媒体社会有各种热点，就会把人吞噬掉，建筑学就会消解。现在很典型的现象就是艺术家都是建筑师了。当建筑师一旦跟媒体互相勾兑的时候，建筑学就不存在了。那么我要做的是什么呢？活下去的方法很简单，我认为是要重建建筑学的复杂性，也就是说建筑师不要去说那么高大深远的问题，建筑师把建筑化做好，这个建筑化把所谓的历史经验、灵感、理论、结构、设备、景观、照明、室内，把审美、生产工具、生产资料、思考方法和机械全部融起来，用建筑化的方式进行再研究，别人就没办法吞噬你。由于你的建筑化是如此专业，全媒体社会看不懂，一旦看不懂，就会畏惧，这个时候你就可以过去咬它，你咬它一口，反噬它，你就可以生存了，复杂性系统的生存是以吞噬他人而存在的。建筑学如果要生存，一定要去吞噬其他系统，把艺术变成建筑的一部分，把工业设计变成建筑的一部分，一口一口吃进来，这个时候建筑学就能活下去，而且活得很好，这时候建筑师就不是总建造师，而是总设计师和总建造师。这样子，我们建筑学的逆袭才能成功。目前看来好像不太可能，

批评与自我批评

我对机会主义的批判恰恰就是对全媒体社会形成的裹胁性话语做出个人化的抵抗。我要反对的机会主义者，并不是说让大家都不要做机会主义者，根本做不到的。我只是希望在建筑学教育当中，不要把机会主义的教育当成《圣经》，其实每个人都是机会主义者，但是你要有底线，不要把机会主义的东西当成《圣经》极端到无底线，这是我的批判。

建筑学是多样化存在的，那么所有形式最后都要建筑化才能变成我们所谓的家建筑，老师尽管有各种形状的建议，都要经过建筑化这个过滤器过滤一下，一旦要建筑化，你就会发现建筑没有那么简单，这建筑化恰恰是建筑学的核心生产力。

分裂的建筑师

一个孤独图书馆，又把我的朋友圈分成两半。一开始是一边倒地赞美它具有无比强大的气场和力量，过了一阵子，另外一边不高兴了，他们从审批流程、构造和选址上挑出毛病后，断言这是和许多名噪一时但最后废弃的学校以及书屋一样，就是个布景建筑。“当看到它突兀地破坏了海滩风景，我就有一种要拆掉它的冲动。”当然这种态度遭到了更多的耻笑，因为支持者觉得任何质疑都意味着对创新、理想和情怀的玷污。

反对者大多数是理性的实用主义者，见惯了纷扰复杂的人事和规则，对于这种兑了水的情怀总是嗤之以鼻。“我对这个建筑没想法，就是见不得吹牛。”这十几年来，这些实用主义者的态度没变，但语气中分明有了焦虑。十几年前，国家的物质还不丰富，实用主义几乎不给情怀一点生存空间。不过随着国家日益富裕，那些看上去不实际的情怀却可以被制造出来，成为理想主义者们的安慰剂，看上去解决了人生困境，其实是改头换面的商品。情怀一旦成为畅销的商品，实用主义的原则和教条就面临崩塌。这十几年，失去媒体和学校支持的实用主义者们感受到了歧视，他们要为平庸的建筑负责，而他们致力于解决实际问题的努力和创新则被忽视。

不过我认为上述观点还只是表面思考，更深层次的原因在于，我们的建筑学本身在实践中就有两个不同的价值观方向。一个是多数人的建筑学，以效益和效率为指标，来解决多数人的实际问题和物质困境，一定是实用主义的；另一个是个人的建筑学，以审美和情怀作为目标，来创造特别的体验和认知，总带着理想主义的色彩。

不同价值观而且无法相互理解的两批建筑师发生口角是再正常不过的事情，但看不到对方的长处或者刻意忽视对方的正见就是不正常的事情了。这十几年来，建筑学不太讨论建造中的实际问题，甚至在学术或者评奖上回避这些问题，也是不太正常，并且制造了一些专业内不专业的不平等，比如把宿舍和住宅归在一个类别讨论，比如把非政府组织援助的小学和严格经过国家规范和审批的学校放在一起评论，前者回避了规范和规划对于建筑设计的限制而显现出的自由让后者处处显得面目可憎，但却无法让人看到后者在应对复杂问题上的技巧性创新。久而久之，给了机会主义者一个借用理想主义情怀的机会，不断创造布景建筑来创造一种不在现场却让人觉得解决人生困境的幻觉，由此实现针对实用主义的胜利，其实最后不过是让机会主义者获得大量名不副实的赞誉。

由于建筑是关系到许多人行为的类型，鉴于一个人的乌托邦或许就是他人的牢笼，所以个人的建筑学实践一般局限在功能相对单一、规模相对小、限制相对少的项目上，仿佛文艺片的导演，有时完全可以不顾及受众的感受而充分表达自我。多数人的建筑学要解决的实际问题和功能则复杂得多，必须让大多数人满意，就像商业片导演，必须以票房为第一评判标准。原本两个方向的建筑学应该各自有着自己的学科目标、评价标准和生存空间，一如文艺片和商业片，但奇怪的是，多数人的建筑学目标是不被认真看待的，创新了购物中心形态的建筑师乔纳森·亚当斯·捷德即便死后，他的遗孀还要在学术界的质疑中为他的成就正名，“盖里创造房子，他创造场所”。

多数人的建筑学和个人的建筑学都可以形成创新。基于实用主义的多数人的建筑学很难形成刚性创新，但这不等于说个人的建筑学可以自己发展出刚性创新，因为个人的建筑学是一种特殊知识，需要通过多数人的建筑学的检验并转化成为普遍有效知识才能形成刚性创新。所以当二者之间形成异见和鸿沟时，伤害的是建筑学本身而已。可惜，无论中外，这条鸿沟似乎是刻意存在的，当年戈登·邦沙夫特（SOM 总建筑师）代表多数人建筑学的实践翘楚，需要自我推荐成为褒扬个人建筑学的普里兹克奖的获奖者，从那时起，多数人的建筑学看来便不重要了，多数人的建筑学可以量化的批判标准也失效了，于是机会主义者便有了舞台。

机会主义者会借着个人建筑学的美誉强行切入更大规模更复杂的建

筑类型中，并用情怀和言辞让不在场的人充满如同崇拜神一般的敬意，却掩盖具体使用者的困境和痛苦，从詹姆斯·斯特林从来不好用的建筑到冬冷夏暖的美术教室。实用主义者有时看上去保守，但总能抓到机会主义者的尾巴。实用主义者未见得没有情怀，但一定痛恨偷来的情怀和投机取巧以及浪费。不过他们不明白的是刺破他人迷醉的情怀是一件多么令人讨厌的事，尤其在这个不太需要那么讲究真实的消费时代。那么多人其实是通过与自己无直接关系的题材上制造出参与或者推动解决人生困境的幻觉的。即便到了互联网时代，建筑师们还是各说各话，各行其是。受众也是各自将自己的不满和想象寄托在他们自行理解的事物上，哪怕所托非人。万物众生的声音似乎在交流，其实都是喃喃自语。

我作为一个双子座建筑师，坚持认为建筑师必须先听得见众生、看得见万物之后，才能据此为己所用，最后贡献出为人所用的作品。朋友批评我对建筑师的要求太高了。可是在大学里我们被教育成能够创造东西的微物之神，既然自诩为“神”，那么包容人的能力总要具备。如果一旦祛魅还原成为人，便不可还是假作为神去伤害或者欺骗人，己所不欲勿施于人。

柯布西耶，一个布景建筑的首倡者，晚年在地中海边上创建了自己的度假小屋。我认为这是他最伟大的作品，超过了载入史册但害人得肺炎的萨伏伊别墅和聆听上帝的朗香教堂。他为自己的小屋剥去了炫技性的构造和空间，恰恰好地满足自己作为业主的一切最基本需求，同时创造了一种过来人的境界，对于自然、周边居民和自己，从容不迫，不炫耀不自贬，简淡天真。为后现代做了一个启示，就是没有神，只有人，真实做自己。

建筑师：果壳里的宇宙之王

崔永元曾在《东方眼》节目里对建筑师建言：城市不是你们的实验场，多少考虑一点大家的审美情趣。但我相信绝大多数建筑师听闻此言都是一脸不屑，毫不在意的。

崔永元早就猜到了，他模仿建筑师的口气讲：你们（公众）不懂我们（建筑师）的设计理念。这句话很明显地反映了双方的关注点不一样，公众和建筑师之间出现了鸿沟。关注点不一样的结果是，看到女厕所门外排大队有感而设计了一个共享厕所概念的是台湾的工业设计师而不是建筑师，这被设计师称为绅士厕所的概念设计获得了红点大奖的首奖，因为设计师注意到现实中的问题并提出了相对合理的解决方案。不过我悲哀地注意到，建筑师们要么毫不关心，要么不断提出意见来否定这个设计。至于这个设计产生的社会和文化背景，以及是否存在更好的解决方案则毫无涉及。无论建筑设计有着多么华丽的建筑理念和形象，如果应对不了实际的困境，那终究是多余的。怪不得我们的世界中多出了不少好看或难看的剧院和博物馆，但使用者音乐家和艺术家则总是满腹牢骚。

崔永元采访的建筑师提到他们的建筑可以被看成试新。试新是许多建筑师的理由，试新是试验的一种，试验指的是在未知事物，或对别人已知的某种事物而在自己未知的时候，为了解它的性能或者结果而进行的试探性操作。所以试新的建筑师把自己看成实验建筑师或者先锋建筑师。但实验不是试验，实验是为了解决文化、政治、经济及其社会、自然问题，而在其对应的科学研究中用来检验某种新的假说、假设、原理、理论或者验证某种已经存在的假说、假设、原理、理论而进行的明确、具体、可操作、有数据、有算法、有责任的技术操作行为。

建筑的试新其实不能算实验。因为建筑的试新验证不了理论，更没有具体目标，当然也解决不了实际困境，这样的建筑试新最终不过是形式主义试验。试验是实验的一种试错手段，而试新也算是一种试错。形式主义试验没那么必要，既无法推动建筑师所设想的社会进步，也无法解决实际困境。建筑师的试错常常为其他人或者城市制造了新的困境，让他人为此付出代价，而不付出代价的建筑师的试错不算是一种有责任的实验行为，不值得歌颂和赞美。

大学的学术机构有时会较真。他们会思考，建筑师宣称的实验究竟能带来什么呢？除了建筑师个人的英雄主义独唱，他们答应的成果却无法被非建筑学的学术机构加以学术检验。终于有人忍不住了，因为科研水平没达标，剑桥大学的建筑学院差点被直接关停。哈佛大学的建筑学院院长在建筑学的圈子算是重要角色了，同样在哈佛大学的校务会上被校长吐槽建筑学院没有科研能力，拖了哈佛大学的学术后腿。结果建筑师和小众的科学精英之间也有了鸿沟，和思想界有了距离。

不过建筑师似乎不关心这些，他们继续和其他人划清界限，他们把室内设计师、景观设计师、结构工程师、设备工程师还有许多相关行业划出了建筑圈。即便在建筑师内部，那些传统意义的建筑师也被划了出去。他们最后在这个庞大的世界中为自己留一个纯净的果壳，钻了进去。他们兴高采烈，很满意这个果壳，他们在其中自以为宇宙之王，他们觉得这个果壳是世界前进的动力。他们很认真很热心地为果壳之外的人们提供各种改变世界的建议。

但是人们并不认真对待“果壳之王”们的拯救。工人们用廉价的新古典主义油画和爱奥尼克柱头装饰了柯布西耶的国际式住宅，法恩沃斯夫人起诉了密斯，伍重被赶出了澳大利亚，库哈斯的大楼被称为“大裤衩”，年近耄耋的盖瑞没有逃过记者的诘难。那个死去多年的斯特林，就是那个喝醉酒在阳台撒尿的斯特林，也没有躲过清算，2011 年泰特美术馆重新评估他，“伟大的英国建筑师杀死了英国建筑吗？”他的建筑无论多轰动都有一个毛病——很不经济很不适用，常常投入使用不久后就处于废弃状态。就连“王”们之间也时有矛盾，桢文彦带头反对“英国的王”扎哈那个张牙舞爪的体育馆，他们觉得那是个乌龟。2014 年 9 月，住建部宣布取消注册建筑师执业资格的行政审批，被大家惊慌失措地误读成取消注册建筑师的执业资格，这个误读几乎将建筑师的果壳击成齑粉，好久才能平复。看来外面世界的微风吹进果壳里很可能就是飓风，哪个也逃脱不了蝴蝶效应。

那些被村人们废弃的小学和书屋的美丽照片依旧在建筑师的果壳里反复传播，被认为是“王们”对世界的贡献，那些觊觎“王位”的继承者们——年轻建筑师，觉得这是可以复制的成功之路，继续为人们建造那些让他们错愕但解决不了他们困境的建筑。事实是，建筑师的果壳在这个庞大世界中并不起眼，如果建筑师解决不了这个世界切身的问题和人们的实际困境，那么这个世界其实也可以不用去关心那些果壳中的建筑师。

蝴蝶，醒来，醒来

库哈斯

建筑学思想的发动机已经熄火好久了。库哈斯在2014年威尼斯双年展上宣称展览要从建筑师回到建筑本身，要回到基本法则（Fundamentals），他宣称要在目前形势下，让建筑重新找到自我，并且思考未来。不过细究他的展览，我无奈地发现这基本法则并没有超越亚历山大的模式语言，他展示的不过是一些阶段性的实用主义经验和片段的美学图景而已。

果壳里的建筑学

我对库哈斯建筑重新找到自我的讲法不觉得奇怪。作为一线建筑师我的确觉得建筑学在这几年要么沉迷在技术形式主义中，要么政治化。建筑学这个系统死气沉沉，空气中只听得见金钱的声音，却没有各种针锋相对的思想和奋不顾身的实验。在迈克尔·格雷夫斯追悼会上，彼得·艾森曼宽慰理查德·迈耶的话更像是往日荣光的挽歌，建筑界层出不穷的争辩和想法似乎已经过去好多年。年轻人日益精致和世故，看上去都差不多，建筑学这个系统正在失去内部的丰富性和多样化，也正在失去外向的侵略和宽阔宽容的视界，建筑学的领域在不断缩小成一个果壳。

中国人

中国建筑学是世界建筑学的一个子系统，果壳里的果壳，在这个果壳里的我并不觉得我所学习的知识那么有效，那些经验和理论面对中国这个系统时常常失效，包括训练出来的审美也无法让我发自内心地诚服。确切地说，我既没有办法把自己完全变成一个建筑学的人，也不愿意回到不是建筑学的人。我被这种差别折磨了好久。不过某天，我突然注意到了中国厨师的刀。和日本以及西餐厨师一刀一用不同，中国厨师的刀具有一刀多用的特点，这让我觉得差异或许是一种用新角度看问题的机会。

中国古代建筑无论是宫殿寺庙还是民宅，都使用相似的材料和建造工艺。中国古代城市其实是被通用性所主宰。有趣的是，这种通用性下包含着中国千变万化的生活。雷德侯在《万物》一书中看到了这种通用性和它创造的丰富性，他就此发现了中国人基于通用性上发展出来的基本模件思路。雷德侯认为模件更像一个元素，这个元素在手工复制和机械复制过程中，甚至在文人画中展现了微妙的差异和匠人的创造力，然后进一步创造出成千上万甚至无限的艺术品。中国古代，从北京到苏州，因为这种创造力并没有出现库哈斯所谓的面目模糊的普遍城市。

雷德侯定义成元素的模件和库哈斯的建筑元素有差别吗？库哈斯在他的“中央展览馆”的展览叫作“建筑元素”，每个展览厅展出不同的建筑部件，包括窗户、门、阳台和柱子。他把这些建筑部件定义为建筑基本元素，他在展厅中张罗了各种地域性成果，结果你以为来到的是一个建材展厅而不是一个建筑学技术文献展厅。但库哈斯展示的建筑部件没有展示部件和产生它的体系之间的联系。雷德侯和库哈斯的差别便在于对体系的认识。雷德侯的模件思路才是库哈斯应该发掘的基本元素，模件的设计要考虑体系的通用性，组合模件则要基于体系认可的自组织原则，容错率要高，而且更容易普及学习，这样才能保证生产高效。库哈斯没有看到模件之所以成为基本元素的重点，他把不同建造体系的阳台放在一起展览，这些阳台不是在通用性上产生的，没法自由交换或者重新组合，或者只能以外部形式作为交换，其实最后只能拼贴在某个大家都接受的通用性系统上，比如现代建筑工业。

建筑师习惯在设计中把控一切，不愿意容错，更痛恨自组织，模件思路似乎是建筑师思路的反动，这导致建筑学包括库哈斯从没有认真理解过现代建筑工业，讽刺的是，他充满雄心的展厅最终不过是现代建筑工业的大样品库而已。

中国

库哈斯是不会看中国的，这也难怪，这几百年，中国并没有贡献太多值得建筑学学习的东西。这种偏见历来已久，詹姆士·弗格森在他的《印度及东方建筑史》里讥讽道："中国建筑无艺术之价值，只可视为一种工业耳，此种工业，极低级而不合理，类于儿戏。"库哈斯在十几年前注意到珠江三角洲，但不过是他某种失效观点的案例，他和其他大师一样，这十几年只不过把中国当成输出品牌、榨取利润的市场。却没有注意到，中国已经庞大到自成现象，和已知的其他经济体有着极大的差异，研究这种差异，或许可以为建筑学提供一种全新的可能。

对于现在的中国，那些不究其理就被拿来用在中国的所谓外国建筑学理论其实已经失去有效性了。不过身在中国的建筑学者和建筑师似乎并不知道，他们正在丧失研究这个系统的机会，因为他们已经习惯在外国建筑学的镜子中观照自己，要么极力模仿，要么极力排斥，但事实上这两种行为的思路本质上并无差异。

可笑的是，中国依然供养着金光闪闪的大师们，前拳击手窝在没有淋浴宿舍的水彩画家，前数学家在老年失去思想的时候，在他国获得了财富，我认为这种交易没什么可耻，但依旧扮演思想家并宣称理想未死居然还有那么多他国人迷信则有些可耻。难怪我们总是哀叹创新太难，是因为我们用局限的世界建筑学眼光看中国。但中国这个庞大的系统完全可以碾碎中国建筑学这个果壳。可以想象以中国作为系统的中国建筑学会有怎样的光辉前景。2010 年，我在戴志康家里近距离观察库哈斯，这个曾经最重要的建筑思想家的确已经老了，他看不到中国。

蝴蝶

“儿戏”般的中国古代建筑的效率最后是输给了现代建筑工业。但其实现代建筑工业的成功也正是建立在一种新的结构通用性上，这点两者是相似的。钢铁、混凝土、玻璃以及梁柱体系符合现代工业对效率的要求。如果从技术的角度来看，那些历史演变而来的建筑美学形式只不过是工业通用性下的一种可以随便编辑的题材而已，可以有，也可以没有。阿道夫·路斯说装饰即罪恶，包豪斯的现代主义者便索性切断了这种联系，一旦旧有的建筑审美可以被动摇，那么基于效率的新审美就可以建立起来。包豪斯的胜利不在于美，而在于它和新的生产力抢先建立的关系。这是一场基于效率的胜利，希区柯克关于国际式的展览就是那个时代的被称为包豪斯的那只蝴蝶翅膀的一次振动，他和约翰逊也没想到这次振动会造成日后的狂风暴雨，一种新的普遍有效知识以新的建筑形式得以正式确立。就此，我有时阴恻恻地判断，现代主义的胜利不过是机会主义的凯歌。

库哈斯在《疯狂的纽约》中其实注意到了纽约摩天楼的建筑表皮立面由建筑物分离出来，他称之为前脑叶切除术（Lobotomy），他认为前脑叶切除术定义了建筑内与外的独立性，他似乎没有看出来这不过是现代建筑工业发展的必然，高效要求新的分工，要求更简单结构。高效的梁柱结构体系成为建筑物真正的主体，具有通用性，容易普及，容错率高，其实建筑师在外立面上的工作常常提高了容错率。尽管后来我们有更漂亮的结构体系，但不符合现代建筑工业的高效追求，它们偶尔被拿来锦上添花证明建筑的创新性，但作为个别的特殊知识却无法转变成普遍有效知识而具有通用性。至于我们讨论的各种风格如果是基于那个高效系统的话，那就不过是各种马甲而已，和花言巧语的地域性以及政治化都没太大关系。

库哈斯灵光一闪，他一定知道后现代主义的大师们不过在玩弄一些形式把戏。库哈斯走了另外一条道路，他用形状去重塑建筑内外的关系。现代建筑工业适应了这种异动，消化了这种异动，为自己创造了新衣。库哈斯的失败在于他的异动改变了建筑学却没有真正改变现代建筑工业，他始终无法形成新的普遍有效知识。

晚年的库哈斯或许也知道他的前脑叶切除术切除的是建筑师，所以预言建筑师这个职业会消失。我想他试图把展览从建筑师拉回建筑本身，估计他也洞悉了绝大多数建筑师或者大师不过是马甲设计师，把希望放在他们身上就是没有希望，所以索性回顾历史来看看未来的机会，他或许真的想发现一种新的普遍有效知识，我认为其实是一种新的通用性系统的建立。可惜他缺乏新的历史眼光和更宽阔的视界，蝴蝶在旧的窠臼无论再怎么努力地振动翅膀，也始终无法引起风暴。

蝴蝶效应

我们现在可能再次站在建筑学一个有趣的分叉点，某只蝴蝶的创新是否会引起新的现代建筑工业风暴，甚至建立新的通用性系统，和这只蝴蝶的振动与审美以及人文情怀没有关系，但一定和效率有关系。库哈斯完全没有看到推动世界改变的无形之手，从后现代主义者到现在，大师和理论家都没有构建一种可以代替目前建筑工业的更有效率的通用性技术或系统。他们构建的知识要么是基于现代建筑工业的更多新的可能性，有时只不过是审美上的，就是好看的马甲新衣；要么尝试在很小的范围构建个人特殊知识，和效率无关，仅仅和个人的批判性以及偏好有关。这特殊知识如果无法转变成普遍有效知识，其实就无法站在时代的巅峰上，尽管生活优渥，荣誉等身，历史地位终究比不上创造普遍有效知识的科布西耶和密斯（或者说，人们认为他们创造了普遍有效知识）。

难道不会是数字建造？我问自己，数字建造是不是那个制造风暴的蝴蝶？其实我更应该关心我们是否处在巨变那个时刻，回顾格罗皮乌斯们的胜利，蝴蝶可以是任何人，只要处在那个历史的分叉点上。这个想法有些机会主义，怪不得我会贬低包豪斯的胜利。我们当中最伟大的思想家都无法预言那个分叉点，那我们就先专心做只蝴蝶吧，通用性中国蝴蝶。

听见蝴蝶相触声

我原本的话题是综述中国和世界建筑的趋势和发展，我不是预言家，丝毫看不出未来的形式会是什么。但某天我看到朋友在用 3D 打印制作自己新居的徽记，她说设计师的审美比较干净，不愿意增加一些装饰，而街头的工人提供的图案不如人意。现在有了 3D 打印，她就可以按照自己的意愿制作实体的装饰，自己设计家徽，然后按照自己的意愿放在她喜欢的空间中。3D 打印机帮助她摆脱了设计师和工人的审美。这多好！不被要挟，她笑着说。

一个念头突然进入我脑海，平常人利用 3D 打印机切除了设计师的权威。平常人可以用 3D 打印机打印部件，这可以成为雷德侯所说的模件，平常人按照自己的创造力在设计师所提供的基本场所上自己组合模件，千变万化。在现代建筑工业并没有发展出更有效率的新通用性技术前，设计师趋同的行业思路似乎让建筑学到了一个死胡同，但这个结可以被日常的普通人斩开。

我对数字建造未来的判断是持续观察。我不看好那类数字建造即设计师倾向于用 3D 技术从头到脚完整地打印一个建筑，这是超级顶层设计思路，他们认为这更高效。不过顶层设计在执行的过程中会不断产生冗余，丢失信息和出错，最后造成结果的不可预测，设计越复杂，控制结果的成本越浪费，其实更低效。无论初心多好，低效在这个实用主义世界里必将被淘汰。有趣的是，参数化这红极一时的名词这几年被数字建造实验者避免使用，说明这个世界的喜新厌旧，不过名字不同并不意味着思路不同。

我们曾经赞叹的印度、法国和美国的普通人用三十年的默默积累在偏僻之处用片砖碎瓦建成壮美景观，现在，如果愿意，普通人可以用 3D 打印机就可以美梦成真。那个诞生在普通人手中的装饰主义图景在未来清晰可见，去他的极简主义吧！

“春至陋室中，无一物中万物足。”

建筑学的基本任务

我们来谈谈建筑学的基本任务：审美、技术、思想。思想，一面是在建筑学领域内的思维，能够走出建筑学影响其他行业，比如建筑师理查德·巴克敏斯特·富勒，美国人认为他是20世纪60年代最了不起的发明家建筑师，分子烯里的富勒烯，就是化学家受到这位建筑师的启发而发现的；另外一面是建筑学外的思想，如果能够进入建筑学，促进建筑学发展，那也很好，比如类型学进入建筑学以后，形成了建筑类型学的思想。但是老师教你们的建筑类型学，可能是不一样的类型学，可能是来自阿尔多·罗西的建筑类型学，那是基于建筑形式，而不是基于真正的建筑学思考。不过对于建筑学的基本任务，现在还有一个点：促进社会进步。于是基于欧美的政治性，精英们出于对全球化的批判，对第三世界有了新的需求，希望第三世界能够创造地域性建筑反对全球化。

如果我们研究创新审美空间，通过技术实践进步解决由小到大的实际问题、锤炼思想，这需要花很长的时间；但是，假设只要我要拯救的悲惨世界遥远在千里之外，我只需要在这里讲 PPT，就让你觉得我已经拯救了这个世界，促进社会进步了，这是很轻松的，能轻松赢得你们的赞誉。所以，我们的建筑学基本任务就变成了机会主义者们欢快的舞台，绕开三个基本任务，终南捷径达到“促进社会进步”。

2016 年，亚历杭德罗·阿拉维纳帅哥获得了普利兹克建筑奖，这是基于他的智利伊基克市政府经济适用房项目“一半住宅”，等户主有了钱，就可以把另外一半建造起来。那么这案例有没有成为智利普遍使用的模式呢？不好意思，没有。我查了半天，只有这一个案例，阿拉维纳的设计并没有成为普遍知识。

伊东丰雄也是一位非常了不起的建筑师，他开始没有拿金狮奖，也没有拿普利兹克奖。后来日本地震了，海啸了，他就做了一个为灾民设计的住宅，立马拿到了威尼斯双年展金狮奖。日本当地人对这个模型的建设是愤怒之至，甚至用两个字来形容：可耻。他把灾民的苦难当成得奖的荣耀，贡献给其他国家。至于当地灾民，是否从中得益，没有人关心。对于真正的灾民来说，解决实际问题的不过是简易丑陋的板房。

如果没有解决问题，你所说的促进社会进步，就是两个字：伪善。伪地域性建筑，一定是拿解决问题来凸显一个审美上的矫情。你仔细想想，穆罕默德·雷兹万先生[1]的船真不矫情；但马科科漂浮学校（尼日利亚建筑师孔勒·阿德耶米作品），比我们以前见过的都要矫情。

地域性建筑

所谓的地域性建筑，是指建筑师扎根在当地，对当地的人、气候、生活习惯、宗教习惯有深刻认知，然后以他经过训练的知识，提炼、吸收后再反刍出来的建筑。

这个“地域性建筑”（毛寺生态实验小学），当看到照片时，我就说这房子不行，抗震有问题。夯土结构，形心要在正中，单坡屋顶没有在正中。夯土结构墙要厚，下墙厚，上墙薄，不能够大量地开洞，不能够背后倚着高坡。这是中国夯土建筑规范。你看这个，背后有高地坡，单坡屋顶，三墙开大洞，全部都违反规范。但是不影响它获得英国皇家建筑师的金奖。为什么呢？符合发达国家对发展中国家认识的好看。

在很长一段时间，我觉得业余建筑师是一个很严肃的问题，是不应该拿来讨论的。可是当回顾建筑历史时，我发现了一个蹊跷的事情：我们这批职业建筑师的祖师爷也是业余建筑师。我们的密斯、柯布西耶都是业余建筑师。他们的人生历史就是一部奋斗史，经受挫折，没有先例

1　雷兹万和他的组织 Shidhulai Swanirvar Sangstha (SSS) 在河流上运营着 26 所浮动学校。船校将孩子们送到他们居住的地方，这样即使道路被水淹没，他们也可以去上学。SSS 还拥有浮动图书馆和保健诊所，并为年轻女性提供船舶学校职业培训。雷兹万希望开办更多的船学校。他的浮动学校的想法已经传播到整个孟加拉国和其他八个国家。

援引，没有威尼斯双年展，没有普利兹克，没有这一切所有的标签。他们借着现代主义的运动，走上了历史舞台，逆袭成为主流建筑圈，然后培养出我们这样的职业建筑师。

差不多从十多年前开始，这个新的潮流又开始了，我们又在鼓励一批业余建筑师。但是这些人中一旦出现了机会主义的成分，就不可能像柯布西耶这批人这么扎实。只要掌握了学术阵地、媒体阵地，出版、展览、演讲等阵地，他们就可以通过某一种重要的政治策略，而获得他们心目中的皇冠。

如果建筑学一直在我们这些职业建筑圈子里打转，就走不出我们自己做的茧，看不到业余建筑师的探索，会使我们衰弱；但是这些业余建筑师如果走不出他们的茧，他们也会衰弱。他们的茧是什么？是想通过奖项获得所谓建筑学的认可。所以我希望，我们都能够破茧而出。

我在网上，发现了一个真正的地域性建筑师，玻利维亚建筑师费雷迪·马马尼。他的房子以妖艳、杀马特的风格，存在于这个地方，完全从当地民族的色彩喜好、习惯花纹以及他们认为的自豪感出发的。

我们也可以找出一百个理由，说他的作品颜色鲜艳、造型古怪等。但是别忘了，这是这个建筑的特点，并解决了当地的一个问题：印加的自豪感。在南美，印加是有一种失落感的，在南美洲的西班牙后裔鄙视当地人和西班牙的混血后裔，鄙视当地人和印加人的后裔，鄙视印加人。

这个被当成贱民一般鄙视的马马尼，他很可怜，没有固定的办公室，只有一台很差的笔记本电脑，主要以画草图的方式来完成图纸，他画不出我们所说的施工图，他跟工人交流都是用当地语言，然后工人按照他的意思，把这些东西建造出来。一栋、一栋，在这个灰蒙蒙的城市中，出现了六十栋，慢慢地改变了这个城市。这个城市的人是如此热爱这个设计师。埃尔阿尔托对于马马尼来说，其实就是巴塞罗那之于高迪。他承揽业务的方式，甚至就是行走在大街上，然后有人看到他，说“过来过来”。不是穿着剪裁精良的西装的黑人建筑师脚不沾地地来到了贫民窟，然后带着摄像机，告诉大家我来过了，回到冷气间后做出一个东西，证明他解决问题了。但是如果马马尼的房子放到主流媒体界，亚历杭德罗·阿拉维纳（普利兹克建筑奖获得者）是看不上的，他是天主教大学毕业的，哈佛的教授，他和这个“土炮”没有共同语言。

我读过一本很重要的小说，叫作《卑微的神灵》。对马马尼这样的人来说，在我们认为卑微的城市里做着我们认为卑微的工作，却让卑微的城市、卑微的人有了前所未有的自豪感。这难道不是一种真正的地域性？这难道不是一种真正的对待全球化的骄傲姿态？这些人被忽视，你不觉得我们的主流建筑界是有问题的吗？

我的游标卡尺

2009年在英国游学的时候，一位留学生问过我，如何评价建筑、建筑理论和建筑师的成就，且不带有过多感情色彩。我整整思考了一周，最后设计了一个图表来展示我对建筑学的认知，以及如何利用这个图表形成的坐标来评价建筑、建筑理论和建筑师的成就。借助这个图表我对建筑学的现状和局限性做了探讨，也据此研究如何发现隐性知识而进一步创新。2014年的论坛，我就这个图表建立了我评价的工具和方法——我的游标卡尺。我也从中发现了自己。

在《世界建筑》要求我完成文章期间，我将游标卡尺的第一部分进行了扩充，是基于建筑学基本问题探讨的前提设定，避免在定义不同或前提不同下歧义横生。在正名这一章节的撰写中，我逐渐形成了我的建筑学写作的基本框架。我的游标卡尺将来是我的建筑学的第一部，是我的评价工具和思考基准点。将来的第二部会着重介绍和总结我的研究工作，比如对中国古代无法实物考证的建筑史和装饰历史或科技前沿的实验，介绍我的设计工具，总结我的个人形式语言。第三部就是我的实践。简言之，就是我在想什么，我怎么做，我做了些什么。这就是我的建筑学。

本文的目的，是抹去在建筑学上的各种修辞和辞藻的油脂。让自己大踏步地去依照自己的审美天分和思考发展自己的主观经验和客观经验，并系统化。我想我的工作如果能成为可以预见的，将来那个辉煌的建筑时代的大师们的注脚，就可以了。

一、正名

明确定义、前提，再讨论，为正名。限于篇幅，我减少论证的环节，以断言的方式给出论点。

1.1 世界

世界，以人的认知，可以分为可经验世界和非经验世界。

我们只能体验到可经验世界（即切身世界，这是我在旧文中的用词）。非经验世界是我们的观念，比如宗教、形而上学、主观真理、绝对精神等。它们在逻辑上可能为真，可惜我们无法亲自验证答案。我们目前更没有任何手段去检验非经验世界，只能选择信或者不信。

可经验世界则分成客观经验世界和主观经验世界。

所谓客观经验世界就是能用理性描述的世界。理性对世界的描述总是片面的，我们用不同种类的理性工具（可以称为不同的范式），从不同精度去研究客观经验世界，得出的结论也可以是不同的。这虽然有局限，但的确是我们一切知识中最可靠的。

主观经验世界的体验基于个人的感受和喜好，并通过共鸣将体验传递给其他人。这个传递过程是不精确的，甚至充满误解，但这不重要。主观经验可以用理性去描述，但效果有限，远不如华丽的修辞或者艺术富有感染力。

此外，主观经验世界也可以是个人或群体的非经验世界的主观映射，是非经验世界的物质构型，反映了非经验世界的某种可能性，但不是真实所有。

1.2 建筑

建筑，人造物，可经验世界的一种容器类型，是人类开拓未知世界的堡垒和前哨，也是已知世界中人类安身立命的基本场所。

建筑不仅基于客观经验世界的知识，也要观照主观经验世界的体验。不仅要满足人的物质需求即身体，也要满足人的心理需求即心灵。不过无论如何，建筑只能以我们的可经验世界的方式存在并发展。

1.3 现代

现代是个不断解放，不断自由化的过程，同时也是一个不断失去稳定性、权威性和可信性的过程。在现代社会中，没有完整的形而上学。

现代最重要的产品是个人，现代社会是个人权利的社会，每个人都可以是权威，每个人都试图成为他人的榜样。于是，竞争成为一种新的生活方式，甚至是现代生活本身，竞争是一种非暴力战争。在现代，竞争体现在创新和推广上。

1.4 建筑学的意义

当代建筑迷失了建筑学的意义。策展人、理论家和评论家过于热衷探讨建筑的人文意义、社会意义、历史意义，热衷探讨建筑学的形而上意义，相信建筑是可以推进文化进步、促进社会进步的工具，坚持不能让建筑沦为单纯的技术性工具。

但现代的可经验世界的第一哲学是政治，伦理学也只是辅助。建筑学在现代的可经验世界里是无法取代政治学和伦理学的，建筑学或建筑自身根本无法成为意识形态、形而上学或者宗教。

我定义的建筑学意义如下：建筑学缺少直面可经验世界中两个世界的思考。这是建筑学意义中亟需建立的基础，而不是发明各种缺少明确指向的胡思乱想和理论。借鉴科学，建筑学的思考基于的原则是经验主义和实用主义。尽管在主观经验世界里非理性常常是主要方法，但学习、讨论和研究这些方法的工具可以是理性的。

建筑学的基础是客观经验世界。在客观经验世界中，建筑学第一层意义是工程意义、技术意义和管理意义。其中在管理意义上而言，建筑学具有了政治学和伦理学的基本属性，就此建筑学就不可能是纯粹的技术性工具。建筑评价首先要基于这三点，才能进一步探讨建筑学的社会意义。跳开这三点，则毫无意义，最容易变成伪善。比如，用所谓的当地的材料但却是不符合规范或施工传统的办法建造的当地慈善小学，在遥远的大都市展示了一种虚假的地域风情，并因为慈善而广受表扬，事实却是已成危房而无法使用。

建筑学在主观经验世界中是建筑学的审美意义。审美意义的讨论会被认为是一种不符合社会责任的行为，是危险的。所以常常被刻意忽视。但建筑学的审美意义不仅仅是形式和风格的问题，更有在场直指人心的主观经验存在。建筑学的审美意义具有不同于其他艺术的独特性。

联系建筑学两个经验世界的是建筑学的身体意义。建筑学的主观经验和其他艺术最大的差异就是建筑学必须以人的身体作为尺度，身心皆是，不可无视。而建筑学的人文意义如果脱离身体意义而讨论，那就不是建筑学的人文意义，至多是人文意义中的建筑，是两码事。

可经验世界，即生活。建筑与生活一旦失去了相关性，建筑就一定缺乏意义。这样的建筑随便是什么，人们也可以不经心地对待它甚至不理它。生活中任何一个事物都是“我”和他人共同建构出来的。任何一件事情包括建筑都是“我”和他人共同创造出结果的。建筑根本就是构筑我们可经验世界的各种物质容器，也是我们试探这个恩威难测的自然界的堡垒。它的存在首先基于我们的客观经验（技术手段、功能需求、习俗习惯、政治结构、社会组织）和主观经验（生活感悟、审美偏好、历史记忆），当然会涉及可经验世界的第一哲学政治和伦理（道德伦理或者思想观念和价值判断），后者不是建筑的全部意义，但上述这些都是基于建筑学的生活意义。

当代建筑的历史意义无论有着多么大赞许和叙事都毫无意义，都不值得探讨。我们只能讨论一百年前或者两百年前的建筑的历史意义。回顾历史，那时的重要建筑大多数经过时间这把剃刀都消失无闻了。我们完全有理由相信我们为之欢呼的当代伟大建筑过了二十年就可能成为笑柄或者完全被遗忘。

就此，建筑学的意义，第一层次在于审美意义、身体意义、技术意义、工程意义和管理意义。这些意义完全基于我们的生活意义，下一步，经历建筑学的独特性思考和基本意义检验之后，才是社会意义和人文意义。至于历史意义，那是后人的事。

建筑学评论的工具和方法无论千变万化，都必须以建筑学的意义为起点或者为目标，否则，不过是谈资而已。

二、建筑学的世界

2.1 奥卡姆剃刀

中国学生的习惯性问题“理论重要还是实践重要”，其实是个伪命题。理论，在一定范围内可以精确描述我们客观经验世界的范式，并且可以帮助我们拓展客观经验世界的边界。凡是无法做到这两点的理论，我们可以使用古老但有效的工具——奥卡姆剃刀[1]——将其一一剔除。

2.2 不完整的形而上学

剃刀过后，在建筑学的世界中所谓先验的规则就失效了，比如“装饰即罪恶”。至于建筑的本质，这种本体论的问题，也是毫无意义的。

此外，没有一种理论可以描述并演绎我们的主观经验世界。主观经验世界的描述建立在修辞或者体悟之中。借用理论之名试图创建主观经验世界的最后结果不过是创建一个非经验世界，和建筑学反而没有关系，这里我们不讨论。

当代建筑学的思考还迷恋牛顿所创造的那个科学的形而上观念，建筑学迷恋借用客观经验世界的旧工具去创造主观经验世界，并希望这个主观经验能够成为客观经验世界的真理，依靠执行它最后改变客观经验世界。但脱离有效客观经验的主观经验对客观经验世界的认知必须经过检验并至少在一定范围内形成普遍有效性，否则就仅仅是偏好。建筑学讨论的如果是各种偏好，那就只有争吵，没有结果。所以偏好都不可以拿来做论证。

2.3 形状

既然建筑界执迷于用客观经验世界的旧知识去构筑主观经验世界。他们会认为这个代表建筑师的主观经验世界的结果就是建筑，但事实并

1 奥卡姆剃刀：14 世纪英格兰的逻辑学家威廉·奥卡姆提出奥卡姆剃刀定律，如果对同一现象有两种或多种不同的假说，我们应该采取比较简单的或可证伪的那一种。

非如此。主观经验世界的成果要进入客观经验世界中最后成为具体可见的建筑，必须被客观经验世界的规则所检验，所接受，所改造。所以说，在主观经验世界里的建筑其实只能算是个形状。而主观经验世界中的形状可以被任何人用任何方式创造或者构建。

我们为什么热衷创造各种建筑或是形状。因为我们身处现代，我们每个人都必须以竞争的方式表达个人的存在，共识的权威和形而上已经死去，尼采早就断言，我们要胜出成为超人就不得不创新，一种竞争的方式。

建筑学的创新最显而易见的是在形状上，这是图像主义、消费主义时代的需求。一种脱离物理需求束缚的低层次但即时为高层次的心理需求。

2.4 创造形状的理由

建筑学寄生于理工科之内，在主观经验世界里却被要求以理性和学术的方式构建学科。因为理性，我们倾向于认为灵光一闪而产生形状是不靠谱、不稳定的，甚至有罪的。

那我们先尝试简单地看看形状如何能依据一个貌似理性的方式被创造。首先我们倾向于要求必须先有概念再产生形状，这听上去是合理的。

但概念有时过于抽象，不得不借助转译才能形成形状。

当然，转译有时过于复杂，我们还不得不借助工具比如参数化才能将形状落实。

即便是概念的产生，有些人也很较真，他们认为概念不应该凭空出现，于是要求有起点，建立研究或者调查，要求策略的建立，这样才更合理。

2.5 理论在哪里

我们几乎记不得学习过的那些理论，但回头看看创造形状的过程，那些理论体现在这一系列思考历程上的哪一段，在研究上？在策略上？在概念上？在转译上？在工具上？或者是全部？我们在建筑学上看到的绝大多数理论根本没有着眼在这些过程上，更谈不上对客观经验世界的归纳和描述，这样也无法被检验，更无法据此演绎。当奥卡姆剃刀剃过建筑学的理论世界后，我们看见的是一片光溜溜的世界。

何况此外还有两种人，一种是弗兰克・盖里，天分帮助他们灵光四射地创造出形状；另外一种建筑师依据历史经验和功能主义完全可以绕开形状生成这个阶段，直接进入建筑化。不过这类建筑师被主观经验世界里的建筑师称为商业建筑师，商业建筑师在客观经验世界里则经验更为丰富。

在主观经验世界里，形状的创造可以不专属于建筑师。结构、设备、景观和室内设计师也可以创造形状，3D 设计师托马斯・赫斯维克也可以，艺术家也可以，包括非专业人士，人人都可以创造形状。

2.6 库哈斯

库哈斯拯救了大多建筑师，他利用建筑图解（diagram）创造了看上去合乎逻辑的形状生成流程，B.I.G（BIG 建筑事务所）据此发扬光大。全世界都在效仿，但这不是真理，尽管库哈斯的工作似乎联系了主观和客观经验世界。我们不否认概念以及风格和形式的生产会对思想产生诱导。但有时概念会把没有的说成有的，它会利用形式自身的表现力制造出一些不真实的问题和现象。不真实之处在于它们仅仅表达了形式和自身的构造能力，而没有表达实际生活的困境。

2.7 建筑学的世界

我用了5小节来解释形状以及它创造的方式，但这根本不是建筑学的全部。形状需要变成建筑，这意味着进入客观经验世界了，大白话就是落实。落实的第一步是在图纸上建筑化，这就是建筑学的技术意义，是基于客观经验世界的知识。肯尼恩·弗兰姆普敦似乎看到了建筑化的意义，比如构造，但他无法在客观经验世界中建立有效的知识积累，并就此做有效的理论描述，最后转头扎入主观经验的描述中无法自拔。

第二步是施工图，对规范和各工种的整合，结构、设备、照明、智能化、景观、室内，特别工种在建筑师的组织下综合并统筹，鉴于其他工种尤其行业的专属特性，建筑师无法建立起金字塔尖式的管理模式，更多时间是基于博弈的协商机制，这就是建筑学的内部管理意义。

第三步是建造，建筑师要应对施工企业的挑战，以及解决此起彼伏的在图纸阶段没有料想到的突发情况，这就是建筑学的工程意义和外部管理意义。建筑师要面对最后的验收运行，至此建筑学在客观经验世界中的实体——建筑才落成。

这时回过头看那个形状的产生过程，是多么遥远的事，几乎和客观经验世界的最后结果没有直接关系或者决定性关系。事实是没有关系也可以。

我们也可以看到，在这个落实的流程中，建筑化是建筑师得以在客观经验世界生存的核心生产力。依据建筑学的技术意义也可以产生审美——建筑学的技术美学。这是客观经验世界上产生的主观经验。这样看来，主观经验世界里复杂的创造形状的过程也不是非有不可的。

此外，我们还不得不提一下那个被建筑学放逐的工种——装饰。它所创造的主观体验已经被建筑学所遗忘，而在客观经验世界中依旧生机勃勃。

建筑学的世界需要足够大，建筑学的客观经验世界不仅需要包括各种和建筑设计有关的行业和工种，还要有建筑学的基石生产工具、生产材料和思想范式。主观经验世界中还要包括所有和文化艺术有关的体验。建筑学的主观经验世界和客观经验世界其实就是我们可经验的世界，我们切身的世界，我们的生活！

在这个世界中，我们用了 5 小节讲述的形状创造是多么微小的部分，它代表不了建筑学的世界，甚至代表不了建筑学的主观经验世界。它一旦无法被客观经验世界所检验，切断了和客观经验世界的联系，它就是孤岛。孤岛上的建筑师可以在幻想中改变整个世界，其实他什么也不能做。

我们希望看到有人能够通过总结客观经验世界发展出至少能够帮助建筑师继续在客观经验世界中高歌猛进的指导理论。不过悲哀的是，理论家们总在主观经验世界里幻想革命，无暇顾及客观经验世界的翻天覆地。

2.8 虚假的革命

革命这个词不断在建筑学的各种发言中被提及。但革命发生在哪里，却没人能够明晰。那我们再看一下建筑学的世界。

主观经验世界能够引起可经验世界的革命吗？很难。我们人类历史重要的革命时刻大多建立在技术革命之上。谈到建筑学的革命，我们必须将目光转移到建筑学的客观经验世界上。

革命一定发生在基石上才能引起巨变。建筑学的基石上有生产工具，比如我们现在越来越依赖计算机，计算机技术已经引起了建筑学的重大改观，但目前还不足以引起革命。只有整个行业都计算机化了，且从业人员都理解并熟悉计算机的操作流程了，这时革命才会产生。

计算机技术中的 BIM（建筑信息模型），是一种试图创造这种机会的构想，但是太复杂，使用太不方便，工人根本使用不了，所以我们还要对比观察。

计算机技术中的参数化，被扎哈变成一种形态的创造工具。它设计的初衷是希望从客观经验世界中以逻辑的方式创造新的主观经验和客观经验。但目前，它在设计和建造之间还存在思维方式差异，而它的设计过于精致，讲究控制和自上而下，参考热力学第二定律和复杂系统，它在学科奠基之初就错了。如果过于依赖精密设计和顶层设计，无法开源和多样化应用，依旧危险。

建筑学的基石还有生产资料。我们如果站在一个新材料应用的分叉点上，一种更坚固、施工更方便更便宜的材料出现，建筑学的巨变就会发生。如果我们站不到那个分叉点，热力学第二定律告诉我，我们的任何努力都不会产生革命。生产工具和生产资料的核心生产力不在建筑师手上。我们最大的运气是适逢其会，却没有能力去创造那个分叉点，因为基石。就像柯布和密斯分别站在混凝土和钢材成为建筑业的主要体系用材的那个分叉点上。

思想方法也是建筑学的基石，热力学第二定律和复杂系统是研究客观经验世界的两个有效科学范式。前者告诉我们孤立系统必死，大系统必将吞噬小系统。后者告诉我们一个系统足够大，最基本的要素可以依靠自组织原则发展出多样性的生态，同时不断膨胀，使它有足够的生存时间。它们也是我观察建筑学的范式，所以我拿这个去看 BIM 和参数化，我赞赏某些思路，但不看好其前景。牛顿的范式在工程领域依然有效，但它无法面对宏观或者中观的建筑学现象，比如城市化，此外牛顿范式所鼓吹的决定论和形而上则已经是明日黄花。综上所述，建筑学的思想方法是建筑界目前最大的短板。

最后，建筑学的世界是有极限的。比如重力、身体等，一旦这些限制项做出了改变，革命也就产生了。但这些改变的技术也不在建筑师的手中。我们常常以为我们领导了革命，其实是错觉。

2.9 那我们创新吧！

好吧，我们改变不了建筑学的基石和极限，那我们看看基础之上的世界。当然我们不求革命，我们求创新。

创新就是发现隐性知识。可惜，结构、设备、景观等都有各自的隐性知识，但我们建筑师无法越过行业壁垒去主动发现它们的隐性知识。一旦这些行业的设计发现了他们的隐性知识而创新的时候，建筑学的面貌的确会发生些许改变。这些改变有时让我们又是嫉妒又是羡慕。

建筑学的隐性知识在哪里？我们主动切断了生活，我们只有建筑化和主观经验世界了。我们寄希望于以主观经验世界的创见去改变客观经验世界的面貌，但如果这个主观经验无法在客观经验世界中形成普遍性知识并成为行业共识，就很容易成为过眼云烟。但建筑师在客观经验世界里的核心生产力是建筑化，是建筑学的工程，技术和管理意义所产生的知识。可惜这个核心生产力在学科研究中是长期被忽视的。是我们自己切断了建筑化这个我们联系主客观经验和其他行业的知识链，结果我们不得不又回到了主观经验世界。

我们也不见得在形状那个环节的主观经验世界中占优。但我们在主观经验世界里依然有着自己的特殊生产力。建筑学的身体意义，建筑学基于客观经验世界的审美，建筑学基于历史经验的审美，和建筑学基于现代社会“个人”的物质需求（demand）基础上的心灵的需求（need），由此引申的身体意义和特殊于其他艺术形式的主观体验，比如光线（科布天才地直觉到了这一点）而不仅仅是形状。

但形状却成为我们当下唯一用来刺激建筑学的武器。然而什么是创新的形状，我们依然一无所知。由此，建筑学迷恋理性又不敢质疑理性，其实建筑学的理性也算不上真正的理性，这不可笑，可笑的是伪装理性。

所以，我决定用理性好好讨论一下形状（shape）。我有我自己的游标卡尺。

三、游标卡尺

3.1 视觉为先的评价

形状怎么会成为我们主观经验世界里的唯一目的，以至于我们甚至认为形状就是建筑。我们对建筑的理解简化成读图。任何修辞都比不上一张图片，我们不必亲临现场，完全凭借一张二维的照片来断言一个三维存在的好恶。因为我们身处视觉为先的时代，一个快速消费的时代。

如果按照张利老师的定义，建筑和视觉、听觉、触觉、嗅觉乃至精神感悟有关。那么建筑 R=f（xn，yn……zn），x 等是视觉、听觉等。但如果一张图片为原则，只剩下 R=f（xn）。精神感悟这种主观体验在个人的时代，大家完全自由解读，故也被忽略。

N=1，2，3，4……是视觉影响要素的各个分项，比如形状、空间等。在视觉的分项中，权重也是不同的。作为内在形态体现的空间在视觉为先的情况下比不上形状，此后依次是色彩、材料和肌理。被放逐的装饰

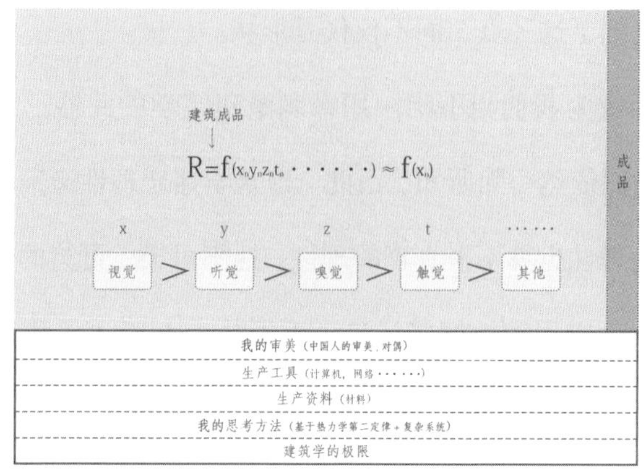

建筑评价公式

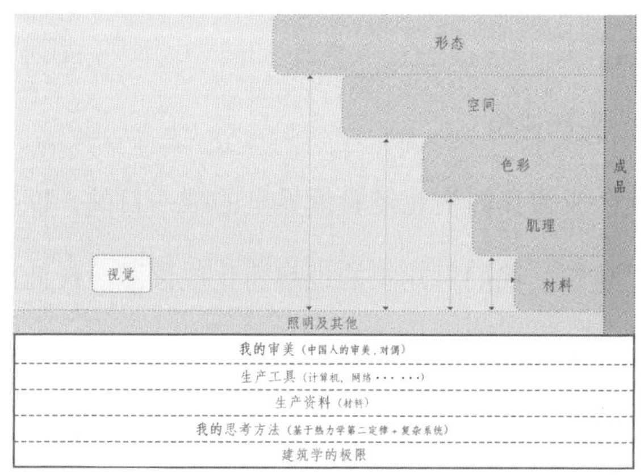

影响建筑评价的要素

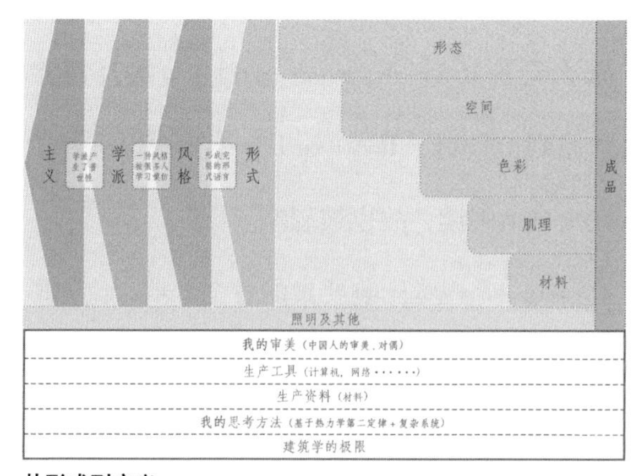

从形式到主义

的权重原本可以在材料之前，不过被阿道夫·路斯（奥地利建筑师，提出“装饰即罪恶”的口号）一闹，没有了。照明是个变量，安联球场和水立方就是很好的例子，白天不如晚上。但照明也被视为不纯粹的建筑设计手段，我暂时不在这里讨论，不过将来它一定是重要的必须加以考虑的变量。

权重不同，就意味着创新的分值不同，分值越大，成就越高。这些子项可以提炼而发展成形式，片段的形式发展成系统化的形式语言而覆盖整个建筑，然后延伸到各种建筑类型发展成风格，围绕风格形成追随者和阐述者而形成学派，最后追随者在各种地域和各种类型上的发展而形成主义。能够发展出主义的建筑师，毫无疑问是大师。

赫尔佐格是个华丽的大师，在色彩、材料以及肌理的创新上有着无穷的灵感，但他没有标志性的形状和空间（安藤忠雄就有）；他有花样百出的片段的形式，但没有系统化的形式语言。他建成的作品越多，他的风格越模糊。

盖里，创造标志性的形状，采用了钛合金这种昂贵的新材料，形成了形式语言，有自己的风格，没有走到学派那一步。

扎哈，创新了设计工具，创造了标志性的形状并形成了独特的空间体验，没有色彩、肌理和材料创新也无妨，重要的是她形成了学派。她注定会发展出一种主义，鉴于追随者如此之多。

马岩松，不管他承认与否，但他在上述分项上没有创新，他是扎哈这个学派在中国最强大的代表和追随者。

相比马岩松，王澍形成了自己的风格，虽然王澍建筑学中形状等特征不明显，但他利用地域性知识（一种改造过的和真实地域性无关的知识）以及片段的形式拼合成一种风格。这个风格在形式语言组合和衔接上远不如盖里来得流畅，不过够用了。

那么，柯布西耶，他在每个分项上都有创新，他发展出了两种主义，现代主义或称之为国际式（他不是独立完成，但他是旗手）和粗野主义。他得分远远高于前面几位，他的得分还不止于此。后面有叙述。

我们讨论形状，结果发展成了讨论形式和风格。主观经验世界发展出来的形状和主义中的形状是不一样的，后者经历了客观经验世界的检验并能够成为普遍性知识或者经验。

3.2 胜人一筹的审美训练和天分

卜冰老师对我说，库哈斯是不屑于创造形式的。我觉得是不能。库哈斯是建筑学界少有的有系统的思想家，但他缺少胜人一筹的审美天分。所以他才会藐视形式。

建筑的评价肯定不在于时髦或者先进与否，政治正确与否，一旦和主观经验相联系，审美最终起到决定因素。胜人一筹的审美训练和天分是建筑师必不可少的。柯布西耶、密斯、赖特、路易斯·康都是如此，具有独特的审美能力，约翰逊第一步输掉的就是审美天分，活再长，话再多，房子建成无数，依然不成。

大学里现在试图用思维训练代替审美训练，但理性拯救不了审美短板，在具有相似思维训练背景下，高下之分依赖于审美。建筑学失去审美训练就是失去在主观经验世界中的独特性。

3.3 思想

思想是建筑学创新中隐藏最深的知识。建筑学有许多试图建立系统性思想的理论家，但成就最终比不上格罗皮乌斯和库哈斯。因为只有他们打通了主观经验世界和客观经验世界的通路，并形成一定的普遍性知识，这很重要。可惜这两个人都在审美上缺一块，前者要假手他人，因为他不会画图；后者索性放弃，用形状、政治和宣传去刺激建筑学。

柯布是个思想家，但是片段式的，他形成不了思想体系，早年的空想社会主义理想不过是空想。但他那些片段的宣言，闪烁思想光辉，鼓舞了更多人。这也是我在扎哈、盖里以及赫尔佐克身上看不到的。他们或许不乏妙语，但缺少真知。

3.4 我们在哪里创新?

在我的图表上，我们可以看到哪里创新，哪里还有可能创新，哪里的创新影响力巨大。

在图表的左边，我们看到，盖瑞将设计飞机的软件引入建筑设计，那就是工具创新，但他的工具只为形态服务，所以他的贡献不在基石上，而在主观经验世界中的工具那一项。扎哈把他的计算机主管挖到自己的公司，扎哈推动了参数化的进程。她在工具上有创新，同时变成了一种局部普遍有效的形体创造知识，那她高过盖瑞。显然，在主观经验世界里，工具创新是最直接的。它直接制造形体。

建筑化是最重要的创新点，它不仅可以将所有主观或者其他工种的创新转为自己所有，反过来还可以压迫其他工种做出创新。不过现实是，原本应该成为创新孵化基地的学校，却无暇顾及这一点，肯尼斯·弗兰姆普敦即便注意到了构造，但很快陷入主观经验中不知所云。

在图表的右边，我们的省略项比如听觉、嗅觉和触觉还有大片的空白。这些感觉其实可以触动视觉创新的。至于在视觉上，如果不在基础的思想方法上有所改变，保持和生活的联系，道路会越走越窄。

科布西耶，现代主义的舵手，国际式原则的创立者，粗野主义的创立者，也是表现主义的大师。要知道，现代主义不是和粗野主义或者表现主义并称的一种风格或者形式语言。现代主义是个宏大的范式，国际式不是现代主义的全部，国际式、粗野主义、表现主义，包括密斯的第二芝加哥学派、典雅主义、理性主义，甚至后现代主义，都是这范式的一部分。现代主义，这个基于社会变革、生产工具和资料变革（建筑业的工业化、混凝土和钢材的广泛应用），后来的思想变革（布扎体系的崩塌、量子力学的范式、互文性理论、形而上的失败等）成为一个重要的历史时期，历史上只有文艺复兴时期可以与之相对应，我们至今身处现代主义之中，我们至今在科布西耶等人的阴影之下，他们有幸地站在时代的分叉点上，我们不比他们缺少机会、智商、野心和资本，我们缺的是发现或者站在那个分叉点上的运气。

3.5 高下

不同主义、不同建筑师终究会分出高下。历史向前，最终每个时代总会只剩下几个人作为这个时代的象征。不同时代的象征也会分出高下。身处巨变时代的人运气总是好过普通年代的人，不过就当时的幸福感而言，普通年代的人或许多一点，倒在旅馆的沙利文和倒在厕所的路易斯·康一定会赞同此言。

建筑学的真正创新还没到来，因为还没有一种普遍知识主宰我们，也没有一种主观经验成为共识体验。革命则未知，因为建筑学的基石没有动。但我们处在语言创新和推广手段创新的年代，我们总以为自己在改变世界。

我们制造出一种地方主义，但地方主义作为一种特殊性知识可以给我们带来某些新体验，但解决不了普遍性问题，我们为这种地方主义创造了抵抗的理由，但抵抗对象其实就是本身，因为这种地方主义是虚假的地方主义，那么注定失败。

高下在于，面对日益膨胀的客观经验世界，我们的思想范式有无更适用，我们是否创造了可以解决普遍性问题的知识，在主观经验世界里，我们有无独特的审美天分，创造新的审美图景和精神体验。它们还巧妙地包含了前两者。就这点而言，我们这三十年，创造了前所未有多的建筑，涌现了前所未有多的建筑师，尽管讨论历史意义毫无意义，但就台面上的这些人，其成就还没有超过那个像乌鸦一样聒噪的瑞士人。

3.6 分叉点的预言

我觉得我们离出现建筑学的分叉点不远了。就复杂系统的观点，在当今建筑学的世界出现了一个叫中国的系统，这个系统已经膨胀到自成现象而不可忽视或者玩笑，所以历史经验和外部经验都不足以拿来解释或者描述这个现象，更不用说演绎它的未来的。我不知道这个现象何时会发生涌现，但研究它是我们必须马上做的一件极富意义和创造力的事，下一个建筑学的普遍性知识必在里面，这是创新的机会。

附后，本文的说明：

关于本文的哲学论述，比如世界的分野上我直接引用了林欣浩的观点。此外，赵汀阳的《可能性世界》和《坏世界的研究》也是我哲学论述的主要基础文献。我不是赞成他们的所有观点，但对于世界的认知和对当代性的认知，我赞同他们的观点，并在建筑学中结合自己的经验发展出自己的建筑学观点。

建筑不是凝固的音乐

“建筑是凝固的音乐”这句著名的评论，如今已经不合适。不合适在于两点：一是对艺术作品结构的理解；二是对时间性的理解。

结构

当下建筑学的讨论容易被 structure 或者 construction（都翻译为结构）这两个被其他学科借用的词所迷惑。structure 或者 construction 在建筑学里指的是工程学意义的物理结构，它决定了建筑能否物理实现。但 structure 或者 construction 在建筑学理论建构中从物理结构发展出了空间结构概念。它具有两层意思，组织原则和空间类型。在古典时代，建筑学的物理结构和空间结构基本是吻合的，甚至是物理结构决定了空间结构并最终决定建筑表现类型。在现代建筑至当下，建筑学的物理结构和空间结构是可以分离的。有时空间结构的创新反过来激发了物理结构的创新。有时二者可以没有关系。空间结构可以独立决定建筑类型，这时候，结构（structure 或者 construction）本身已经不能涵盖物理结构和空间结构的双重意义了。所以我更喜欢用亚里士多德《诗学》里提到的架构（plot）来代替空间结构避免使用结构造成理解上的混乱。

结构作为工程学上的物理结构对于建筑的成立与否是有决定意义的，所以结构被学者借用到其他抽象学科比如哲学、电影、文学、音乐中来发现或者创作能够支持作品成立的抽象的基础性框架工作。由于没有或者较少物理学规律的限制，这个其他学科里的结构则自由得多，它们对于本学科的意义其实就是建筑学的空间结构，可以用亚里士多德的架构（plot）一言以蔽之。

古典主义时代，建筑的结构（structure 或者 construction）和架构（plot）是相合的。空间呈现一种稳定和谐、平衡有秩序线性递进的美，安静。古典时代的音乐在演奏的行进中同样表达了稳定和谐、平衡有秩序线性递进的美。由此激发德国哲学家谢林得出“建筑是凝固的音乐”的观点是不奇怪的。至于德国音乐家霍普德曼狗尾续貂的“音乐是流动的建筑”，尽管在语言上形成了上下句，但其实他没有预判到这两门艺术各自的独特发展，尤其是音乐。音乐在 20 世纪的爆炸性创新让人叹为观止，我们看到了各种新的音乐结构（我还是用 plot）出现在我们的生活中，新的类型层出不穷（和谐平衡已经不是唯一的美），这点在组织原则创新上更为突出。

建筑学也有了前所未有的发展，但它反而被结构所束缚。有趣的是，束缚建筑师的不是结构的物理学原则而是物理结构长期影响下形成的空间结构组织原则（这时候 plot 来代替空间结构就很有必要，否则我仿佛在绕口令）。那就是线性原则。无论当代建筑师在空间类型上做出了多大的视觉创新，但组织它们的还是依赖所谓功能流线或者观众在空间中逐次行走形成的线性原则。而其他艺术形式因为其更具抽象性，其组织原则有着各种创新而五花八门。这大约就是当代建筑学显得滞后的原因之一。

时间性

建筑的体验是观众在行进中展开（但在互联网时代，建筑的体验其实有了新的展开方式，然而这些新的展开方式并没有受到建筑师的关注并回到现实中思考 plot 的重新设置），音乐的体验则是观众可以在一个固定地点展开（但在移动播放年代，音乐的展开可以和听众不断移动同时并置，有时我在想这并置的展开或许对音乐或者城市空间的创新都有意义）。这是两种不同的时间的线性体验。观众在一个固定地点上无法感知建筑的全貌，在他短暂的停留的时间里，在场地上感受到日光的变化仅仅会让他觉得建筑具有一种永恒性，这是建筑另外一种线性的时间性表达，这也是为何建筑师那么着迷光的原因。然而建筑的时间性有另外的第三种表达，比如建成时色彩缤纷、装饰豪华的帕特农神庙经过千年的破坏最后展现出洁白神圣的废墟之美，当代人感受到的永恒和建造它的希腊人希望创造的永恒是不一样的美。这种建筑的时间性迷惑人的地方在于历经长期缓慢的变化却在短暂的当下让人产生一种永恒的幻觉。而建筑的第三种时间性表达是不受建筑师和甲方所控制的。但第三种时间性的表达非常清楚地说明建筑不是凝固的音乐。

建筑的这三种时间性表达都是基于我们已经习惯了的一种近似真理，时间如矢，笔直指向未来。不过量子力学告诉我们，目前的物理学研究成果显示，并非如此。我们处在一个普通观念巨变的时刻。建筑师们还没能理解时间性重新定义的意义，因为这将改变建筑学的架构（plot）。即便不是时间性的重新理解，建筑学完全可以学习文学、音乐、电影等其他艺术门类，在架构（plot）上创新并实验，摆脱建筑学几百年的线性递进的架构（plot），这样避免陷入空间类型的创新内卷化而沦为纯粹的视觉形式主义游戏。

行文至此，应该打住了，因为发现了许多自己还没想明白的事，可以去设计中体悟并总结了。建筑是什么？我想以后我会给出一个更准确的答案。

这些日子我时常很绝望，但正是设计有如一束 光

照耀着我，

让我觉得可以用它来做些什么。

是的，我们就是喜欢这样的建筑

八分园，像发光一样的存在，真的太美了，也让我相信建筑是有意义的。

设计任务书一定要改的

绝大多数业主和发展商来找设计师时，对项目其实并没有想得十分透彻。如果设计师一头扎进任务书来设计的话，基本会成为委托方的试错工具。所以不会改剧本的演员不是好建筑师。

业主史总，是通过画家李斌找到我的，那时八分园还没得名。她打算改建收购的售楼中心。售楼中心是街角三角形两层楼建筑的一个边和嵌在其上的四层倒圆台大厅，入口在三角形内院。楼的一侧用作居委会，售楼中心一侧二楼是作为居委预留发展空间。另一侧用作沿街商铺。三角形加一个圆形是二十世纪九十年代末流行的平面构成形式，没过二十

八分园鸟瞰图

年，可惜就不新鲜了，建筑学的时髦还真是浮云。

业主打算把这个约2000平方米的售楼中心设计成住家兼容经营，命名荟堂。但我觉得业主并没有考虑明白。我在着手设计之前准备了差不多100个问题来问史总。问答过程帮助我和业主各自慢慢地厘清自己的思路，并达成共识，最后形成新的任务书，那就是放弃住家。这个八分园可以是一个专门展出工艺美术作品的美术馆，同时可以作为发布会的场地，有咖啡和图书室，还有办公，关键是要有民宿，此外要有一些附属接待功能比如餐厅、书房和棋牌室，总而言之这是一个微型文化综合体。

做设计嘛可以是对个对子

我要设计的部分和居委以及商铺在建筑上连在一起。内院里除了园厅，其余两面都是其他功能的背面，挂满了空调和各种管子，我一点也不介意杂乱的周边环境，这是我设计的上句，上句越杂乱破败，下句就越要有序纯净，不过我需要在上下句的结构上把改建部分和其他部分的粘连剥离清楚，我决定沿着内院三角形构筑一道帷幕作为围墙把上句隔离开来，沿着这个思路，园厅也需要一道帷幕。这样，改造的建筑部分就有了自己的边界可以独立成句了。

造园子不是造景观

高速的城市化会制造一种模糊的城市图景，缺少鲜明的识别。八分园所在的江桥也是如此，二十年来不同时期建造的建筑和景观挤在一起，可以和任何一个城郊接合部互换而不觉有异。上海五大名园，嘉定有其三，然而这几十年，嘉定公园造了不少确乏善可陈，那些不算公园，算是景观。我站在荒废的内院，决定造一个园子。向七十年代的上海街道公园比如蓬莱、霍山和西康公园致敬，向嘉定的园林历史致敬。

中国七八十年代的公园其实是被园林史所忽略的，造园师在公园上复活并创新了传统园林。许多小品的设计兼具功能，当时的施工技艺和传统形式，虽新而古。但这几十年，景观师代替了造园师，园林的传统被虚假的日式和所谓现代园林所替代。传统只能继承，然后转译，最后创新，这才算传统的继承和发扬。西方学术背景训练出来的景观师和建筑师基本不太会造园，但热衷脱离传统，大谈特谈传统的继承和创新，其实不过是把传统当成遮羞布而掩盖自己不关心传统、借用他山之石的事实。拿来主义不是不可以，以继承发扬传统之口的拿来主义，这就是欺骗了。

在拙政别墅中，我试着学习传统造园，那么这次，我决定把江桥的所谓现代景观作为上句，八分园衔接七十年代造园精神作为下句，让这个破败三角形内院新生，它更是精致的当代立面的对偶，让园子和建筑彼此合为一体。我认为建筑和园子的总体一起才算是建筑学的。

灵光一闪起名字

那天我问助手得知园子占地不到一亩，约四百平方米，恰好八分地，脱口而出八分园。加上我这人平时高调，这八分也可以提醒我做事做人八分不可太满。业主颇以为然，就此定名八分园。原来的荟堂则转而成为民宿的名字。

我不喜欢干巴巴的建筑

周榕批评我的建筑有些甜，过于丰富取悦他人。我是上海人，周榕又希望我的设计具有上海性。基于生活的上海性恰恰就是让人愉悦但克制的丰富性。这 2000 平方米的建筑在空间上要显得变化丰富但彼此有联系。我既不喜欢强迫症一般的极简主义，也不喜欢将浮夸的场景并置却毫无联系。我用对偶展开空间关系。园子是外，形式感复杂；建筑是内，呈现朴素。但这些朴素又有些不同，美术馆要朴素有力，而边上的书房和餐厅要温暖柔软，三楼的联合办公就要接近简陋，而四楼的民宿则回到克制的优雅，还要呈现出某些可以容易解读的精神性，在屋顶通过营建菜园向古老的文人园林致敬。

四层的民宿才是我隐藏在整个八分园的惊喜和高潮。我为每间民宿都设置了空中的院子，一个公共区域的四水归堂的天井。其实我打造了一个真正意义的空中别墅，一直想在商业地产中实现却在公共建筑上变成真实。算是我研究的垂直城市心得的一个微小的实践。每个院子都是当代的中式庭院，取材于仇英的绘画而加以提炼，这高高在上提炼过的空中院子是那个低低在下传统的地上园子的下句。八分园由此呈现出的

八分园屋顶花园鸟瞰

八分园屋顶花园

丰富性让游园变得高潮迭起，正如古人的七言律诗，字数有限但意境丰富。

风格不是太重要

至于建筑和室内是什么样的风格，其实不太重要。从2012年起，我有些刻意模糊鲜明的风格陈述。尽管我算现代中式的始作俑者，但经过十五年，我倒是希望所谓的东方、西方在当下经过我而展现出我个人的方式，一切为我所用而随心所欲。

立面上层层叠叠的语汇

我用一个节制的立面来包裹八分园的丰富性。从无极书院开始，我就如张斌老师所言在立面上制造层层叠叠的语汇来让立面变成一个空间而不是一张皮。我最后选定穿孔铝板以折扇的方式在立面上形成面纱。这面纱不是气候边界，它背后有玻璃幕墙，有院子也有阳台。我把立面看成内外之间的边疆，边疆不是国境线，它有含混的模糊地带，这就是让我着迷的地方。我热爱在立面创造这么一个模糊地带。

影子

在一个人美术馆这个项目上，我提过，我对影子的迷恋其实出于地域气候之于人的经验，习惯使然。在八分园的不同空间，我塑造了不同影子的情绪。由于园子的存在，这些影子能够明确传递温度、风和声音的信息而具有饱满的丰富性。

对细节保持距离

“我需要在创作中和作品保持距离，但细节仍然干扰着我。”建筑学一度着迷于建筑学意义的细部，现在我刻意和它保持距离，不是我不喜欢，而是需要借用工人相对粗暴的施工方式来呈现没有细部的细部。所以我对业主说边庭的围墙就不要找平、抹光再上漆，而是直接在基层上罩漆，我有些喜欢这种视觉的质感，但最后影子在墙上呈现出国画皴法的效果，这个是意外。

有时即兴

在确定立面穿孔铝板的花纹时，我即兴选定了梅花，什么花纹不重要，重要的是花纹形成的穿孔是否足够在立面制造出面纱的感觉。园子的主树是原来庭院里的朴树，那么园子就围绕它展开吧。那天我站在现场，背对入口看着墙壁，我想开个月门吧，当时就是想这么做。

有时要睁一只眼闭一只眼

原来庭院里还有棕榈树，造园师试图消灭它们，而业主则有些心痛，我觉得留着就留着吧，现在它们被竹林遮掩，毫不突兀，有鸟在上面筑巢，多好啊。

在入口庭院，我原本要求拆除门头，然后设计了耐候钢板的门房，业主拆除了一半门头，也造了门房就一直停在那里。我是坚持我的强迫症还是纵容业主呢？我决定因地制宜，我说服业主多拆了一点保持了紧绷的边界，我要求把原来的粉饰层凿掉，露出水泥基层，不许把原门头的柱子包裹成门房外墙的一部分，把门房空间用短墙围起来形成一个前院。然后业主突然要求全刷成白色，就像边庭那堵有些糙的围墙。我站在前院那棵保留的香樟树下，看看竹林围绕的入口和灰色砾石的地面，那就这样吧。

有时不妥协

史总总是委婉地要求我思考一下围墙的设计，我先后尝试了波形阳光板、离瓦、穿孔铝板（花纹是像素化的《千里江山图》），铝格栅加垂直绿化，我断然拒绝了史总提出的爬藤绿化墙。直到 9 月，八分园的围墙还是迟迟没动工，甚至有谣言说业主不打算造了。我意识到也许是造价的问题。我特地找到史总，重申了围墙的重要性，并给出了现在建成的围墙样式。但即便如此，围墙的造价按照幕墙公司的报价也要 100 万左右，而史总找了广告牌制作公司把造价减少到了 40 万，于是动工。

我不太关心格栅的排列形式，但我关心每个格栅的截面尺寸，我拒绝了成品铝型材，因为厚度和宽度都大了几厘米，施工方不得不定制，由此造价增加。施工刚开头，史总发来照片，问围墙格栅背后的两翼楼

八分园黑色格栅围墙

房的背面是否要喷成黑色，我说不急，等施工完了再看。葛俊（项目建筑师）觉得格栅的镀锌框架焊点难看，希望处理，我也不以为然。

等围墙完工那天，史总激动地给我电话说明白我的意思了，围墙的样式不重要但必须有而且不能完全封死，必须是黑色。这样的围墙把周边环境疏离在八分园之外并成为八分园的对比，使得八分园成为贴着旧物而新生的场所。我回答是的。镀锌框架也是旧物的一部分，而黑色格栅则是新物，至于什么花纹都是可以的，但花纹的最后尺寸决定审美的细致则不可放松。至于黑色才能有力把围墙和旧物切开并谦虚地成为背景，是中央那个华丽圆形帷幕的下句。

再累最后也要装得轻松

沿着竹林经过前院、门房和棋牌室，推开大门就是八分园。入园几步你可以选择过桥进入美术馆，也可以继续直走进入竹林背后的餐厅。圆形美术馆两层通高，左手是书房和餐厅，右手是楼梯，正对一个月门，一棵苍松入画来，那门后是个原来臭水池改建的边庭；二楼是环形走廊，可以临展，也可以作为图书室和咖啡，三楼是临展和联合办公，三楼半出休息平台可以到布草间；楼梯的光线从一楼的暗到最后四楼大亮，进入四楼回首可见拥挤匆忙的城市化边缘。转而就是荟堂，一个有些小得意地藏在美术馆楼上的小天地。转过天井，走上屋顶，是个生机勃勃的菜园子，春天到，菜秸正时，微香中让我想起食庐的菜秸排翅来。四周

俞挺手绘草图·八分园

八分园鸟瞰图

的建筑簇拥着这个小小的屋顶，你可以轻轻叹口气，它真的是桃花源了。

所有艰苦的训练和思考，在最后都要呈现出一种不可思议的轻松。回顾我上学时模仿倪瓒和梁楷，他们伟大的绘画就是这种审美最标准的诠释。我也希望我的设计能够如此。所以我不会因为被批评有些甜美而沮丧，因为这是两种态度，我取其一即可。

建筑学是一件有意义的工作

我们在前院设计了竹林通幽的入口，将八分园独立出来，但八分园不是私家园林，它免费向周边居民开放。这种节制的开放让八分园获得了周边居民的认同，他们珍惜这个园子，安静地在园子走几步，满足。我在各种复杂邻里关系中改建空间，这是唯一一次获得邻里写表扬信称赞的项目。这也是我把前院设计纳入城市微空间复兴计划的原因，这个街口一度沦为简单的过道，原本的景观破败不堪，但一个前院就改变了这个街角，使它又活泼起来。建筑学的社会学意义显现出来。

我为什么能和业主达成美术馆的共识，是因为发现业主的先生是上海著名的久新搪瓷厂的最后一任厂长，搪瓷是曾经主宰中国人日常生活最重要的日用品，如今地位几乎不稳。谢厂长于 2002 年随着搪瓷厂关闭而退休。这些年他收藏了大量的搪瓷，质量和数量惊人，他珍惜回忆而夫人史总则大踏步成为房地产女强人。我和李斌不约而同认为搪瓷可以成为这个微型文化综合体的文眼。随着八分园的建造，谢厂长的公子从米兰留学回来，创办了一个时尚的搪瓷品牌并入驻八分园，这才是技术和家庭传统的新生。12 月，八分园在没有完全开园的时候举办了搪瓷百年展，我站在人群中默默观察这一家子，这搪瓷曾经是荣耀，或许曾经是负担，然而因为八分园，它断然复苏。八分园帮助这一家人重新认识了自己和彼此以及手中的财富，这下我觉得建筑学可以是一件有意义的工作。

最后我要解释一下我的建筑学梦想

我梦想用建筑去创造一个能矗立在黄金时代的神话。尽管在现实的摧残下，这个神话似乎有些渺茫，但这些年我绝不放弃，这和其他人毫无干系，可有时毫无头绪，我唯一能做的是努力用轻松的笔触在建筑中描绘人类内心深刻的力量。

八分园开始接近我希望的神话了，它可以满足我，它与周遭并存，我躲在这里，就是全世界。有时，我会闭上眼睛，因为最重要的东西，不是肉眼能够看到的。

全金属外壳：铜堡

2023 年 4 月，Wutopia Lab 设计的铜堡在 EKA 天物创意园区正式落成开放。

同病相怜的一对中年男人

> 工作不能代表你，银行存款并不能代表你，你开的车也不能代表你，皮夹里的东西不能代表你，衣服也不能代表你，你只是平凡众生中的其中一个。
>
> ——《搏击俱乐部》

2021 年，好友七爷邀请我为他改建的航海机械厂厂区的创意园区中心区域设计一个中心建筑。不过我们俩都有些魂不守舍。我们的夫人面

俞挺手绘草图·铜堡

铜堡入口

临相似的困境。我们忧心忡忡，想通过工作来缓解自己的焦虑，但又无法完全集中注意力在工作上。

在最初讨论这个建筑的主功能时，我们否决了各种比如俱乐部、咖啡馆、会所的可能性。两个有些惶恐不安的中年人无法用世俗的功能说服自己。最后我们达成一致，将这个中心建筑塑造成一个多功能的精神堡垒。我对七爷说，我们需要证明自己存在的意义，一个成功的商业开发是无法做到这点的。博物馆是现代人的教堂，它或许可以安顿我们不安的灵魂。于是我们以博物馆作为基底来创作。

而航海机械或者航船都是巨大的金属制品，由此，我决定全部用金属，最后确认用铜来造这个建筑。我迷信金属外壳，认为它足够坚固能保护我们惶恐的灵魂。

我要像造船那样造一个铜堡

> 你得先放弃一切，你必须没有恐惧，面对你总有一天会死的事实。只有抛弃一切，才能获得自由。
>
> ——《搏击俱乐部》

这个设计的形式来源是基地原有的拱形车棚，没错，这个建筑就是拱。是航海机械制造厂激发我要像造船那样去造这个堡垒。所以这个建筑首先要建造龙骨。龙骨是由 220mm 宽到 150mm 宽的 H 型钢焊接而成。然后把铜板在两侧干挂形成变截面的内外立面，这就是全金属外壳的由来。

堡垒里面有间闪闪发光的不锈钢房间，它就是舰船里的舱房，里面是可以做舞台的咖啡店、厨房以及卫生间。这间铜堡里的房子是铜堡里唯一的装饰，象征我们总想尖锐表达自己但藏着欲望的灵魂，我们把堡垒北侧的草地变成了一个巨大的浅黑色水池。最后这个铜堡就像浮出水面的潜水艇，是一条闪闪发光的鲸鱼。安静，沉默，但内心波澜壮阔。

铜堡鸟瞰图

室内从西往东

尽管无处可去，但这个建筑是我们的救赎

我每晚都会死一次，可是又重生一次。复活过来。

——《搏击俱乐部》

整个园区是由一位优秀的建筑师设计，让园区脱胎换骨而面目一新。但我还是保留了车棚南侧的报刊墙，保留了人防，保留了大树和假山。我试图保留一些场地的片段记忆。因为我越来越不愿意忘记。园区里的每栋建筑都设计得很丰富，所以我想把铜堡设计得简单。整个园区是组曲，铜堡则是一个沉默的停顿。

在这个停顿里，在树影斑驳的堡垒里，我埋伏了许多可能。展览、演出、演讲、宴会、博物馆，甚至滑板。当咖啡店面临水池的玻璃移门打开，此时咖啡店变成舞台，水面会徐徐下降，露出一条闪闪发光的T台。我们曾经设想这是一场戏剧性的大秀。但经历了2022年，我现在有点改变。我希望有场绚烂的烟花，水面上是合唱团，唱出我们这些人这些年的痛苦和希望。“所有过往，皆为序曲。”“你的生命一分一分地消逝。”

为什么叫铜堡，灵感来源于原基地保留的防空洞，一种坚固的堡垒。“没有痛苦和牺牲，就没有收获。”

徐家汇书院是魔法

文字和思想能改变世界

——《死亡诗社》

2023年元旦Wutopia Lab历经四年设计的徐家汇书院正式开放。它成为上海那两个月最轰动的文化旅游地标，也是第一个在工作室官宣之前就满城尽知的项目。

我接手这个项目的时候，还不是徐家汇书院。大卫·奇珀菲尔事务所完成的是一个书店的设计。后来书店退出，这个建筑在完成外立面和土建后便空置。在经历了第二家书店的退出后，这栋建筑才被确定作为徐汇区图书馆新址并命名为徐家汇书院。

书院与教堂

Wutopia Lab 的魔法

作为建筑师的 Wutopia Lab 有自己的室内设计原则，从不在原有的空间上涂脂抹粉。我们总是基于项目特点发展出一种新的空间叙事结构植入或者消弭原来的建筑结构，从而创造出一种被称为魔幻现实主义的新的体验。

不过大卫留下了三层通高并两侧有夹层的中庭。这个古典气质的中庭占据着中轴线的位置，无法回避。我需要避免被它诱导去建立一个古典的叙事结构，也不能无视它而完全建立一个新的叙事结构。

罗伯特·麦克法兰在他的《地下世界》一书中观察到核反应堆铀废料的掩埋：人们把废弃铀芯块封在锆棒里，锆棒封在铜柱里，铜柱封在铁缸里，铁缸包裹在膨润土浆里，最后将它们存储在地下深处的岩层里，放入数千米深的片麻岩、花岗岩或岩盐之中。这似乎是人类社会收藏重要物品的普遍程序。这就是层层嵌套的“中国套盒”式结构。“中国套盒”激发了我的灵感。

我决定在徐家汇书院建一个源于中国传统的子奁盒的“中国套盒”结构。套盒的最外层是大卫薄薄的外立面；第二层是图书馆主要的功能区比如咖啡区、阅览区、演讲厅、展览厅等；第三层是回形走道；第四层是作为图书馆阅读大厅的中庭，而最里面则是作为套盒结构中最后保护的宝藏即图书馆的核心装置。这个叙事结构转化到空间上，可以把第二层、第三层看成一个 A 部分，第四层、第五层看成一个 B 部分。至于最外层的立面作为套盒外皮，里面的套盒则可以在设计上独立表达而不必受其建筑语汇的影响。而第五层的宝藏不构成空间意义，但如果没有，中庭这层盒子就是空心的，那么套盒的象征意义就不存在。

那么确立什么物件作为套盒所收藏的宝物呢。徐家汇书院一度要整合土山湾博物馆，所以把代表土山湾的牌楼放进来是合乎逻辑的。不过书院毕竟是图书馆，最后确认放入图书馆的标志——阅读桌。这是一张

中庭全景

接近 30 米长、上海最长的阅读桌。它们俩合在一起强化了中轴线也成为中国套盒里最重要的宝藏。

按照 Wutopia Lab 的对偶策略，当 AB 两个主结构被梳理出来后。AB 就可以互为上下句。作为保护套盒的 A，可以用混凝土、水磨石和涂料表达坚固。作为收纳套盒的 B，则可以用到顶的温暖的木材表达爱惜。在 A 区，也要用铺地和灰色变化精细地区分出第二层和第三层。也需要在作为图书馆主要功能区里嵌套更小的套盒。一楼咖啡区是圆形的岛台，儿童阅读区是圆形的集中席地阅读区；二楼则嵌入了取材土山湾玻璃工艺的彩色玻璃盒子作为休息区；三楼则把大卫留下的天窗结合照明设计成二、三层套盒之间的休息沙发位。而在 B 区，则把中庭两侧的夹层设计成尺度亲切的阅读和展示区。这样丰富了层层嵌套的结构。为了强化视觉，在 AB 区的交界，地坪和天花都做了减法，让 AB 两个区域不粘连，而形成独立的视觉表达。

收纳宝藏的 B 区展现出了神圣性。就此建筑师借用书院邻居天主教教堂的典型空间类型巴西利卡来神圣化中庭，将中庭天花设计成拱形而完成图书馆作为当代人知识圣殿的象征意义诠释。并把拱形形式语言在一楼复制形成连续的拱形空间进一步把室内叙事结构和外立面构造逻辑剥离从而更符合中国套盒的叙事。而因为土山湾博物馆最后并没有纳入书院，也就无法把牌楼引入中庭。最后大家决定用 3D 打印的方式打印一个现代设计改写过的牌楼作为轴线的高潮。这样，西方的巴西利卡和东

中庭与牌楼

儿童阅读区

方的牌楼，传统的木结构和现代的打印技术作为一组巧妙地完成了命题作文，中西合璧，古今交融。徐家汇作为中国现代科学的源头的象征意义在层层嵌套的中国套盒的结构中得到升华。

这就是建筑师的魔法，图书馆里的巴西利卡。

徐家汇的魔法

作为建筑师的 Wutopia Lab 认为任何室内设计都是建筑设计，去积极触动城市。徐家汇书院是个区级图书馆，不算严格意义上的研习型图书馆。它面对社区居民，有一定的社交性。所以徐家汇书院不应该是个封闭内向型的文化场所，它应该是开放的，不仅需要吸引读者，更需要吸引原来不怎么阅读的人。

开放性就需要中庭能在立面上向城市展示出来。所以在面临主立面广场这一侧，室内并没有布置复杂的功能，而宏伟温暖的中庭能够透过玻璃和柱廊显现出来。散发着光辉的中庭仿佛大海中安抚旅人的岛屿。

开放性不能伤害阅读，所以建筑师利用了大卫留下的宽阔的阳台设计了台阶座位引流。书院面对的是一个精致的城市街心广场。建筑师把广场看成舞台，台阶座位就是剧场，读者可以在这里看风景。更重要的是。“你站在桥上看风景，看风景的人在楼上看你”。两者的互动，让严肃的立面具有了开放性。

有关部门希望藏在柱廊后面的阳台能够挑出来。但这会破坏原来的立面。经过思考。建筑师仅仅在二楼的阳台两侧设计了一步小阳台。别小看这一小步，一步跨出去，仿佛凌空，而融合在这个城市风景之中。人生常常需要一小步，去改变什么。

一个开放的图书馆才能激活一个社区，才能让城市真正更新。徐家汇书院受欢迎的程度超出我的想象，两个月 18 万人次包括许多从没去过图书馆的读者涌入图书馆，这是有史以来，第一次以一个公益场所成为城中最热的地标而带动了已经很久没有进入城中视野的徐家汇商圈，让其再次受到关注。这就是图书馆的魔法，这就是上海的魔法。

独白美术馆

——度假天堂中的最佳独处之地

不二山风——

一吹

十三州柳绿……

——〔日〕与谢芜村

Wutopia Lab 受远洋集团·蔚蓝海岸委托，在秦皇岛北戴河蔚蓝海岸的公园绿地上创作的献给少数人的不受汶汶之物而安察察之身的独白美术馆，于 2022 年 7 月落成开放。

独白

女王狄多把一张牛皮剪成细条圈出一块地创造了伟大的迦太基。我在蔚蓝海岸园区内三个住宅组团交汇处的一片开阔绿地中，把约 1300 平

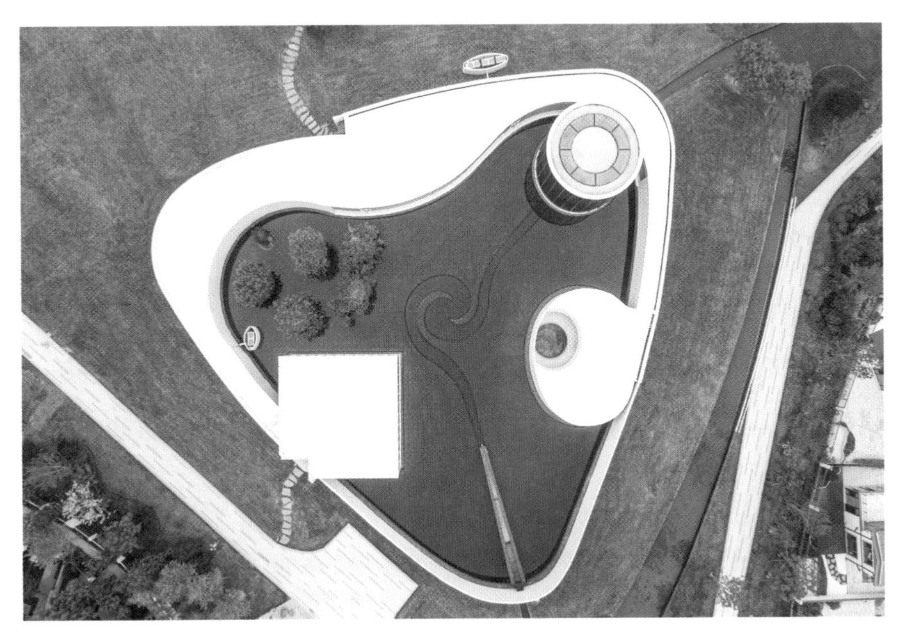

独白美术馆鸟瞰图

沉默的外表

方米的建筑分解成不同的单体结合围墙，走廊和灰空间变成一个粽子形的 3600 平方米场所——独白美术馆。

一发多妩媚

A 面

独白美术馆是徐徐展开的手卷。从光线破角而泻的入口小剧场开始，进入艺术长廊，沿着忽明忽暗的长廊，静谧的水院慢慢展现出来，经过高高的色彩斑斓的瑜伽室，来到明亮高洁宽阔的美术馆（展览和画室）。然后光线变暗，道路变窄，几乎会错过藏在墙壁后的茶室。尽端若有光，那是在云雾中的舞蹈教室。走出建筑，继续沿着花墙，在斑驳的影子中，涉水而行。水中自有暗流潺潺贯穿在中央婉转潜过建筑，想是奔海而去。又逢小剧场，放眼深看去，六株水上树，微风中低声摇头独白。所有风景和声音都缓缓展开成画。

B 面

独白美术馆是个复合功能的场所。可以让不同人同时在里面的不同空间却能以一种一个人的艺术方式独处。平面形式复杂且不规则，在结构设计上不利抗震。不过将美术馆拆分来看，除艺术长廊平面为弯曲的带状异形外，矩形舞蹈室、圆形瑜伽室、椭圆形小剧场都是抗震性能优异的对称规则的布局。老胡就此设置了三道抗震缝将其分成四个独立的结构单元。超长结构的伸缩变形得到了释放，减小了温度应力，避免气

万物皆有罅隙，那是光照进来的地方

温变化引起出现结构裂缝。不得不接受抗震缝的我只好仔细设计节点，掩盖它在屋顶、立面以及室内的存在，保证我的画卷在视觉上是连续不断的。

月光还是少年的月光

A 面

小剧场其实就是独白美术馆的门厅。为了减少计算容积率的建筑面积。它被设计成灰空间。同时为了让观众的注意力集中在表演并不愿意剧透中央水景，小剧场被设计成封闭空间。我在舞台后上方切了一个弧形天窗，让日光或者月光如瀑布洒落下来，“万物皆有罅隙，那是光照进来的地方。”

B 面

和主体钢结构脱开的小剧场是用整体性能更好的全现浇钢筋混凝土墙板结构连续封闭塑造了一个矗立在水池上椭圆形柱体。里面喧闹而外面沉默。

九州一色

A 面

中国画最具艺术特色的是线条。利用毛笔不同部位在纸面上形成挺括有弹性或者柔和松弛、浓淡干湿、粗细变化但连绵不断的线条。这样

风景成为舞蹈教室的背景

的线条不仅是有空间也是有速度的。我把独白美术馆的边界看成这么一条变化的墨线。在建筑中我用白色代替黑色创作。起笔是椭圆形的小剧场，点是瑜伽室，枯笔是花墙，艺术长廊是联系这些的笔画，细得有些快的是走廊，用的是笔尖，然后变成侧峰形成慢的粗的线条就是放大的美术馆，再慢慢回到笔尖用笔一顿就是舞蹈教室。一开始的长廊和美术馆外侧封闭内侧对水院开放，而之后则是内侧封闭外侧对大景观开放，这就是运笔。

B 面

我希望面对水院和美术馆外景观的玻璃面不要有结构构件来阻挡视

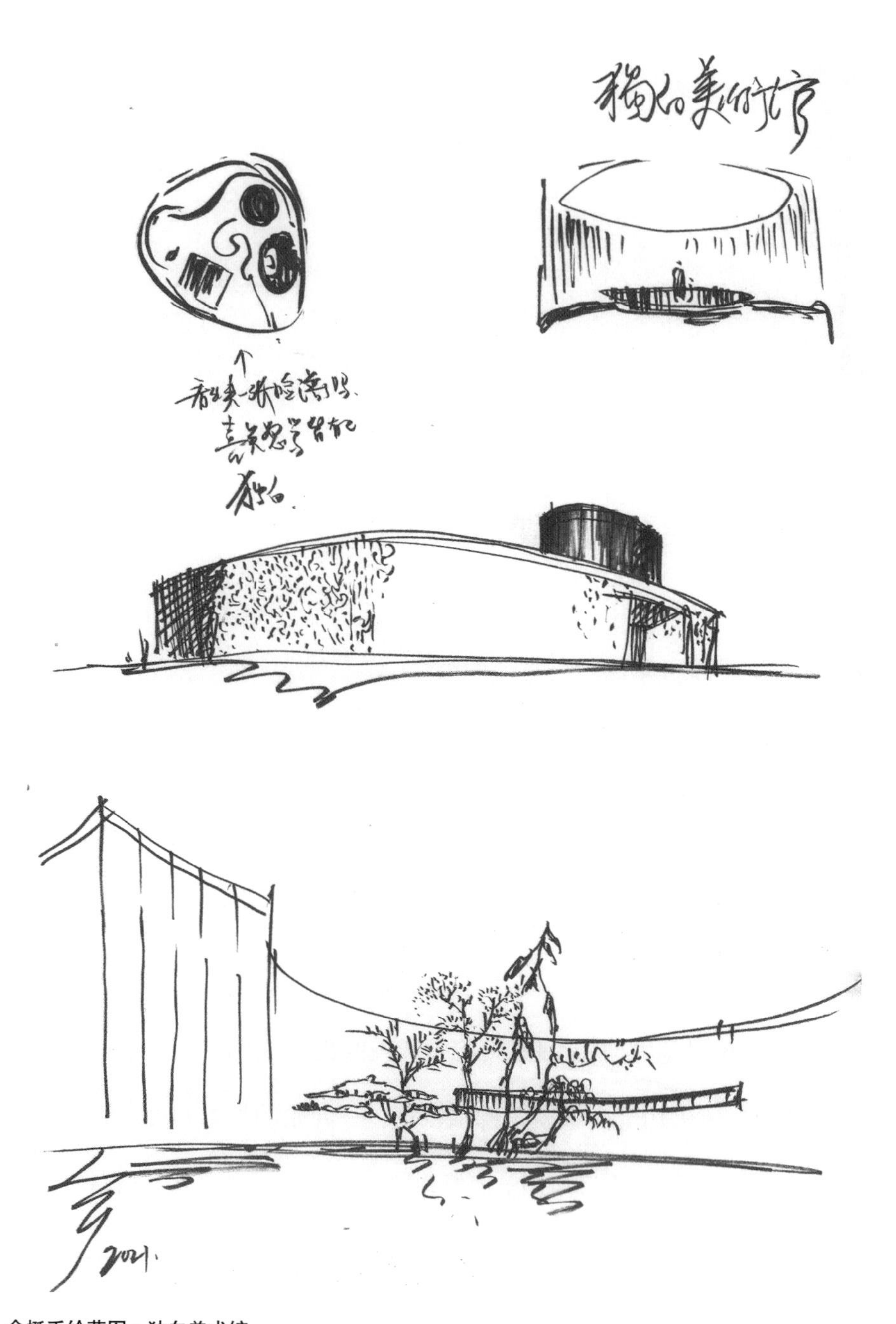

俞挺手绘草图 · 独白美术馆

线的连续性。为减轻结构自重并减小结构构件尺寸，屋面采用保证保温隔热和防水性能的上浇 40 毫米细石混凝土整浇层带肋花纹钢板。然后老胡在窄的走廊设置了独立柱悬挑梁钢结构单元，柱子被藏在墙体中。而在放大的美术馆空间采用了单跨框架悬挑梁钢结构单元。最大悬挑为 4.6 米。保证了面向水院的立面无竖向构件遮挡的全通透效果。

天上和地下

A 面

2009 年，我参观赫尔佐格设计的伦敦的一间舞蹈学校。总监客气地对我说舞蹈演员训练的时候希望光线充足。而所谓美丽风景以及彩色立面会干扰演员的内观情绪。我把独白美术馆的舞蹈教室设计成半透明的玻璃盒子，有着足够的光照，但把户外的风景滤掉成为舞蹈教室的背景。教室的镜墙背后是入口门厅以及在夹层里的更衣室。演员就可以在纯粹的天和地之间表达自己。

B 面

舞蹈教室有夹层的空间仅设置在整个规则平面方形的一侧小范围设置，为避免局部刚度突变对结构抗震不力的影响，老胡在夹层梁柱均采用铰接连接，保证了教室规则的单层钢结构框架体系。

古来就青青

A 面

我是在初二临摹完倪瓒的六君子图后，发现自己这辈子再无可能超越他而放弃了自己的山水画理想。但那六株树成为我挥之不去的执念。所以日后在我的许多作品里有着以树点题的设计。这次因气候和来源限制在北方以松、榆、柏、枫、栎、朴代替了倪瓒江南的松、榆、柏、樟、楠、槐构成水院的六君子主题，了却我多年来以云林绘事入建筑的心愿。

B 面

业主建议设备间变成茶室。那么设备不得不变成放在室外两组，一组在庭院，一组在美术馆外的绿地上。我设计了叶子形的穿孔铝板挡板来隐藏设备。让设备变成独白美术馆的艺术装置。

独白对四周的全黑

A 面

庭院原来是设计成白色干粘石地面。它可以让整个建筑呈现一种漂浮感，这在我白昼奇境的项目中成功实验过，能创造出一种不真实的幻觉。当我推敲六君子图的呈现时，改变了想法，我不想追求一种略甜的梦幻而试图表达一种经过思考有些惆怅的心情。六君子图是以大面积的留白表达了浩渺的水面而使得画面不受尺幅限制却呈现出旷远平静的气

面向水院的全通透长廊

黑色的水庭院

水上六君子

势。就此我决定变白为黑，将可进入的白色广场变成能看的黑色水池。在视觉上制造了新的深度。这样一来，白色建筑环抱着一眼沉默的深潭，你凝视着他，他也凝视着你。周围的建筑霎时安静下来。只有风吹过六君子的沙沙声。

B面

但我没有取消原来庭院中取意曲水流觞的景观水系。我希望这个流水的设计变成平静水院涌动的暗流，形成水中水的设计。流水从跌水装置流向庭院中央，螺旋扭转，朝向瑜伽室流去，在建筑基础上与外部水系连接，最后静悄悄地汇流到大海。由此把自成一体的独白美术馆和黄海联系了起来。

不共夜色同黯的本色

A 面

水院安静是安静下来了。可当我看着效果图中黑色水池边上矗立着有着玻璃幕墙立面的白色建筑时，又产生了一种新的熟悉感，这个场所气氛过于陈词滥调。于是我决定俞挺化，把最高的圆形瑜伽室外立面变成渐变的彩色玻璃。在浓墨中点彩，她就是熠熠生辉的玻璃堡垒。

B 面

玻璃堡垒原本只有一层，但运行方坚持要有更衣室，我只能设置两层。保证一楼的视觉开敞，就把更衣放在了二楼。我也希望外立面玻璃保持垂直连续性。我要求二楼的楼板和玻璃立面脱开。我对老胡说，吊起来吧。老胡在屋面以十字形布置框架提供水平侧向刚度，结合周边环形布梁形成框架提供抗扭刚度，形成清晰高效的受力体系，他用四根悬挂于主框架梁上并内收可以隐藏在衣柜之中的吊柱把二楼楼板吊了起来。最后一不做二不休，楼梯也以悬挂的方式轻巧地挂在楼板上。于是一楼便迎着华丽的光线而开放。

边界只几颗星

A 面

独白美术馆的内外墙材料分别为玻璃、实墙和花墙。三者独立或者组合连续如同变化的墨线形成了美术馆的忽明忽暗的边界。花墙就是枯笔。

B 面

要让 5 米高的花墙连续展开同时又要保证安全，就需要在花墙背后每 3.8 米加设构造柱。同时屋面板悬挑作为砖墙的压顶。镂空花砖是采用预混法 3% 钢纤维含量制作而成的 GRC 砖，由两个型号组合形成立面花纹。花砖墙或者以双墙独立成为院墙，或者和玻璃或者和实墙形成一组连续 150 米长光影变化的界面来包裹独白美术馆。

一个不寐的人

我把单墙一分为二形成的类似墨线中的飞白作为藏在走廊背景墙后面的茶室。这是一个私密沉默的空间。一个藏着心思的角落。我沿着视线高度开了一条长长的窗子。于是六君子便如画卷徐徐展现出来。相看两不语，俄而已忘机。

独处

在度假胜地，是各种嘈嘈杂杂的欢快的欲望。有时未免让人觉得太热闹了。要静静。张晓岩总之所以把美术馆取名独白。大概就是想在热闹的海洋中创造一个可以让人独处并独白的小岛。它是我们的一个人的乐园。而大海就在不远处。

春之海——

终日，悠缓地

起伏伏起

——〔日〕与谢芜村

上海书城

没有谁是一座孤岛，每本书都是一个世界。

——《岛上书店》

被网友称为“水晶宫”的上海书城在历经两年的关店装修后，于2023年10月28日以崭新的面貌正式对外开放。

挑战

每个人的生命里，都有极其艰难的那一年，将人生变得美好而辽阔。

——《岛上书店》

上海书城主立面夜景，福州路视角

书店是给那些不看书的人的

在中国，保持读书习惯的人的数量远远少于不读书的人。有限的读书人是拯救不了书店的。所以书城要为更多的不读书的人设计，让他们走进书店。这样才能拯救书店。

现实中，线上用户在手机上花费的时间已经远远大于用户在线下实体空间的时间。同时，互联网购书的价格又远远低于实体书店，书店从而失去了一部分读者。所以我要让部分线上用户把一天专注于手机的 10 小时、8 小时分出哪怕是 1 小时，走进具有吸引力的书店，这样他们能拯救书店。

最大的挑战是对抗被美化的记忆

2021 年底，上海书城以一系列活动来宣告闭店装修，甚至被某些自媒体误解成永久歇业。于是大量的读者涌入书城凭吊。在回忆中，那个在互联网冲击下不可避免走向衰败的中国第一个一站式的书籍销售综合体的窘境则被忽视了。取而代之的是被美化、升华和崇高的集体记忆。集体记忆会扭曲改写这个项目的真实形态，甚至促使他们不信任任何未来的改造。是的，建筑师遇到的最大挑战就是被美化的集体记忆。

在最后一天的闭店活动后，我走出书城，朱旭东（FA 青年建筑师奖联合创始人）问我会怎么改建。我笑笑，不响。但我知道这句询问背后的潜台词。集体记忆固然美好，但是从我的专业角度来说，它本身的空间布置和建筑立面并没有我所说的建筑学上的纪念意义，所以对于改建书城，我没有任何负担。我已经有了定案：上海书城应该是从一个书店变成一个以知识分享为平台的、具有诸多应用商业和社交场景的文化综合体。

这个文化综合体是个具体而微、抽象的垂直城市，一个理想主义的上海。也是一个关于城市史诗的、一段可以高声咏叹的篇章。它成长于旧的书城，并不割裂历史，但以书为新城。

以书造新城

记忆也是累赘，它把各种标记翻来覆去以肯定城市的存在；看不见的风景决定了看得见的风景。

——《看不见的城市》

造城的条件

在这次升级装修中，1998年建成的书城要按照最新的消防规范验收。所以要增加疏散楼梯的数量和宽度，调整位置，要升级和增加喷淋以及消防卷帘的数量。

在这次升级装修中，变动结构不能超过结构总量的10%。书店原始外轮廓线不可以被改变。1.2万平方米的书城不能增加面积，当然业主也不允许减少面积。而原来的地下室也不再属于书城了。

在这次升级装修中，需要引入和书城不违和的商业业态来平衡书城的经营成本，同时不能破坏书城的氛围。

上海书城要通过这次升级装修在保证经营效益的同时继续成为上海文化地标，并且复兴作为“文化一条街”的福州路。

造城从书山开始

对曾经每个月都会有一天从军工路换乘两次公交车到新开河的外滩，

书山的台阶

然后步行到福州路在各家书店盘桓的我而言，福州路的意义比南京路重要。但当福州路变成单向双车道后，它原本狭窄的人行道就失去了步行的趣味。

趁着这次升级装修的机会，我希望把首层的空间释放出来，结合人行道设计成一个可以管理的、半开放的公共文化广场，从而让失去步行的福州路重新有一个可以聚集市民的公共空间。

我利用原来的建筑高差结合人行道设计了一个台地状的广场，并在室内形成一个名为“书山”的台地。这个深入建筑内部的“书山”是个立体广场。它可以用作新书推介、展示以及活动，更是一个文化生活的舞台。读者可以随意坐立、翻阅和闲逛，甚至即兴歌咏。当然，也可以站在最高处，俯瞰人来人往的福州路，陷入沉思。

整个福州路的基调是灰色的，我希望用一个跳色去强化书山的意向。当查阅资料得知原址旧建筑曾经是地下党的情报站后，我就决定用红色。红色的书山成为人行视线中的第一个节点。由此通过自动扶梯进入作为垂直城市的书城。

要有光

第一次踏勘基地时，我发现越到楼上越暗，六楼仅有的采光也被逃生通道给遮蔽了。所以要有光。我设计了三个相叠的两层高的中庭，通过天光和玻璃地板把日光引到一楼红色书山的中央。

三个中庭分别是书城这个城市的广场、礼堂和剧院。围绕这三个节点，城市在二到七层的垂直高度展开。首先沿着自动扶梯延伸形成街道、街心花园、院落以及建筑。自动扶梯每两层错位布置而将街道的触角尽可能地深入到建筑的内部。最后汇合在每两层城市的中心——中庭。

整个城市有点像迷宫，需要逛。这个“逛”字代表了一种随意、放松的生活态度，目的性不强，漫不经心，可能也因漫无目的，却能够随时、偶发性地获得趣味、惊喜和快乐。所以要像逛马路那样逛书城，慢慢地，不急。

广场中庭

剧院中庭

书架即立面

我是用一万米长的书架来造这个城的立面的。因为书城失去了地下一层，也失去了原来的书库。书城新增了疏散楼梯、卫生间以及设备用房，同时还要保证书店面积和商业面积的前提下，我决定让书全部上书架。书架的 2–6 层是取阅区，1 层和 7 层是存书区，8 层的作用是存书和封面展示。两层中庭高书架的作用就是展示。这样连续的书架设计不仅放满了 47 万册书，超过书库规定的 40 万册容量，还构成了书城街道上连续的书的立面。在书城营业前的媒体开放日，一位记者对我说，连绵不断的书让她觉得仿佛鱼在大海中游泳。

我在第 6 层书架处曾经设计了一个连续的铜杆，架上爬梯，让人可以爬上去拿上层的书，可惜在施工赶工的时候，这个设计被省略了，便成为我的一个小小遗憾。

我用书架围合了 16 个屋中屋，藏着办公室、脱口秀剧场、作家书房、养生课堂、美术馆和咖啡馆。穿过两侧的书架后，有着简餐、茶馆、画廊、咖啡馆、艺术家具店、礼品店、文具店，还有电梯、厕所以及疏散楼梯间。我一点也不恐惧商业，也不排斥商业，我对店家的要求正如对开设在古城里的商家那样，必须尊重我这个书城连续的书的立面。这样可以保证不同的商业嵌在我的城市里。

我带着记者从书山开始一层层沿着街道经过建筑、中庭、天桥一直走到顶层。他们感慨道，这才是一次文化的 city walk。这就是以书为城。

以书为上海

你站在桥上看风景，

看风景的人在楼上看你。

——卞之琳《断章》

每个人都值得被尊重

因为它的多元性和多样化，我把升级装修后的书城形容成一个缩微的上海，但更重要的共性是包容。我的项目建筑师建议把残疾人坡道放到侧边，这样正立面会显得完整。我拒绝了。我还要求坡道的终点是正入口，残疾人要和健康的人一样堂堂正正地进入正门，并能到达书城的每个角落。我根据我腰伤时候的经验，把扶手设计成便于抓握发力的4厘米长圆形。在书山背后我们还安装了残疾人的自动扶梯，当他们登上书山后就可以直接看到福州路。在书山上，每个人都可以是主角。

克里斯托弗般的包裹

我没有改变作为书城轮廓线的气候边界。我最后用穿孔铝板包裹了书城的原立面。一并把那些因为为避免穿洞而超过10%结构变动，不得不安置在外墙外的管道遮盖起来。原来抽象、无语义的立面就相当于给那些不爱读书的人设了一道门槛，而将他们拒之门外。

我希望书城可以被阅读，我用象征主义的方法来创造立面，书城的外观是由无数册书脊堆叠形成的，书脊里面的纹路构成了最能代表上海的一种经典的现代化象征——“万家灯火”。你能够在这个图案里面隐约地阅读出浦江两岸的变化。过去的外滩和代表现在的“上海三件套”和东方明珠，以及更远的能代表未来上海的想象。“建筑可阅读”是互联网时代一个不可避免的需求，我们需要隐喻、象征以及各种各样的符号，但又不能堆砌，所以我在上海书城创造了一种有分寸的、抽象的具象来提供各种阅读的可能性和想象。

风景也是室内设计的元素

书城立面的落地窗不仅是为了采光，而且能将书城的内部活动展示出来，它们更是舞台。马路上往窗子里看书城内的人仿佛是看电影一般的风景，而窗子里的人看着马路上的人，亦是在看戏剧一般的风景，卞之琳的诗歌便被转化为一种 “可见的阅读”传递给大家。这样的建筑就可以被更深地阅读了。当读者从自动扶梯进入第四层名为礼堂的中庭，城市有如不可思议的幻觉，真实地在北面两层高的玻璃窗前展开，在夜色中如水晶般璀璨。读者们会轻轻感慨，上海总是让人惊喜。

还是 10%

五楼中庭有根梁，如果拆除它就会超过 10% 的结构变动。于是我把它变成了一个天桥。我站在这个天桥上放眼望过层层叠叠的城市楼宇，隐约可以触及我设计的在南京东路上即将落成的沈大成楼上的春申好市。

礼堂中庭的 9 米通高玻璃

我想起了年少时，我背着一大堆书，在沈大成心满意足地吃碗馄饨，然后回家。天桥一侧有个书屋，透过中庭的大玻璃窗，再穿过书屋的小窗子，是我作为一个路人可以想象的一幅窗前读书的图景，是我年轻时去工人新村找同学时看见的那个挥之不去的图景。是的，回忆总是美好的，我是用个人记忆在抵抗集体记忆的影响。

当我面对书城

他在听众里看到一个她的影子，他想“未来只不过是现在的希望，过去也只不过是现在的回忆”。

水晶宫

书城外立面试灯的那个时刻就惊动了媒体和市民。穿孔铝板加内透光的设计创造了被市民称为“水晶宫”的效果，但其实和水晶、玻璃没有任何关系。黄浦区灯光所在接到投诉后安排专人到现场测试了亮度，合格。而工人在按照灯光设计师图纸调整了灯具角度后，眩光也消失了。符合规范要求的书城之所以显得璀璨，只是因为福州路偏暗的光照衬托而已。

那天，我站在即将落成的工作室新作——南京东路的春申好市屋顶看着最靓的书城，想起有人把它称为奢侈品店，但有趣的点在于，奢侈品店的立面单方造价起码都是书城的四倍以上，却做不到书城的质感，这样看来消费主义的奢侈的确是一种虚假的幻影，相比而言，书本所蕴含的知识才是真正意义的奢侈品。

马赛克史诗

在升级后的上海书城里，你会看到原来书城立面上的浮雕被保存在书山的背后 C 位。也会在疏散楼梯间看到被镜框保护的 1998 年的一根大理石柱子，那是工人无意中将自然花纹拼出一个人像而成为书城的一个传说。不同人的记忆在这里保留或者重新组装，过去从未被忽视而是在当下或者不远的未来继续影响我们。

12 月 24 日，我们在书城的一家家具店里搞了一次芝士蛋糕的测评。书城有许多打开的方式，就像上海有许多打开的方式，不一而足，现在是我们创建新的记忆的时候，每天书城有一万人次的涌入，这个数据是全上海 80% 商场都想要的，在我们现在这个时代，不读书就已经会远远地被抛在后面。那些所谓“不读书的人”也在读书，他们在手机上碎片化地阅读抖音、小红书，所以书籍更重要的是利用书城这个戏剧性的、知识分享的社交文化场所来与那些不精确的小红书和抖音去争夺那些已经被它们吸纳而能阅读一点的那些“不读书”的人，让他们开始相对精确、准确、正确地读书，让他们快乐。这样他们就反过来拯救了书店。

是这些读者们，新的以及旧的，和从旧到新的书城一起创作了一部连续不断的微型马赛克史诗，镶嵌了各种人的历史，回忆、文学、传说、

消防楼梯间保留的大理石柱子

神话、谜语、预言、八卦、争议、反思，有着英雄、凡人、不完整的灵魂、卑微的神灵和破碎的爱情。这是上海的史诗。

不响

朋友的女儿，12 岁，参观完书城对我说“叔叔，设计得好好”，我笑得很开心。她又说“那些恶意的评论毫无道理”。我笑了笑，不响。

2023 年，我的父母总计历经四次急诊，三次住院。我的夫人因为不慎跌倒，暂时失去行动能力。但这对我而言并不比五年来的其他任何一年更难。我已经习惯面对这些突发情况并有条不紊地处理。“成年人的世界里没有容易二字”。当面对不容易的时候，我们会抱怨，会发泄，会哀叹，但一个坚定的人就是应该处理完一切，不响。

我不太关心那些穷凶极恶的评论，因为这些发泄毫无意义。我有爱人、家人、朋友、员工，让我觉得能持续创造什么东西的设计，还有女儿，很满足，我不响。

2024 年，工作室会持续发布 6 ~ 8 个新作品，它们正如上海书城，不服从成见和偏见，驯服自己内心的焦虑，它们是我的建筑学实验，也是我的态度，你们可以随便说，但我还是会，不响。

全中国最高的书店

——上海中心朵云书院旗舰店

Wutopia Lab 应上海世纪出版集团的委托在中国最高建筑上海中心 52 层设计了水墨设色的朵云书院旗舰店。朵云书院旗舰店是个小型的空中文化综合体，它由七个功能区组成，涵盖书店、演讲、展览、咖啡、甜品和简餐等不同功能，总共 2200 平方米，共有 60000 册书籍和 2000 种文创用品。239 米高的旗舰店是目前全中国绝对高度最高的商业运营书店，书店是上海中心这个“垂直城市”的重要的公共文化场所，也是上海重要的文化地标。

前言：女儿的话

我很羡慕女儿精致的调色，可她对我说：“爸爸，你最强的是空间感啊！”

无论摩天楼外形看上去有多复杂，在拓扑学上看，都是一样的，围

白书房（山水）

黑书房（秘境）

绕着核心筒布置的环形空间。朵云书院旗舰店占据了整个楼面的出租空间，进深浅而流线长，容易单调。所以我把朵云书院看成一个由不同情节组成的系列故事，我用节制的色彩和对偶来讲述这组故事。

第一次在52层勘地那天是个阳光饱满的午后，我被那平和静谧的感觉所打动，我突然想只有黑白片才能恰如其分有质感地表达那片刻的感动。

先造一座白色的山

第一次从52楼电梯间出来，封闭的场地让一切暗淡，我心里说一定要有光。我站在南花园，看着壮观的黄浦江曲折而过，我觉得仿佛在山上！我马上决定造一座白色抽象的山，它由半透明的书架构成，层层叠叠地在电梯间尽头展开，这是开门见山！相互掩映的山洞的尽头是波澜壮阔的天空，天空和城市就应该是这个书店设计的一部分，地面要光洁可鉴，晴朗的日子里可以反射云蒸霞蔚的天空，这一切都让这山飘浮起来，成为上海日常的奇迹。

让自己躲在夜色中

在太亮的壮观的空间站久了，你一定会想舒服地躲起来。于是在北侧，我用圆形书架围合成一间间黑书房，它是上海中心的秘境，也是隐蔽的书店。它默默地生长，一个个圆形彼此联系并向外扩张，每个圆形独立但都可以紧密地包裹着你，轻轻地咬着你。你陷入圆形，它仿佛就是思想，你可以在思想中漫游，迷失，停下来发呆，或者径自跑开。

一只警犬

助理告诉我，上海中心有一只警犬，专门用来检查装修公司的货车里有无违禁的装修物料。上海中心物业从严格消防管理出发，要求墙地顶的材料只能是A级防火材料，不允许任何不用于装修同时低于防火要求的材料上楼，所以工地常见的阻燃板和细木工板是在上海中心看不到的。施工现场每50平方米一个灭火器，每天只允许带两公斤的油漆或者香蕉水上楼用于装修，更不用说现场切割电焊了。每晚几次消防巡逻，发现没有上岗证的油漆工就立刻要求停工并把工人带离现场。

所以建筑师必须随机应变，以活动书架作为空间的分割形成室内不同的区域。同时设计中书架不到顶，消火栓和防火门都保留，就此保证不改变原有的消防分区。建筑师还必须保证设计原貌的前提下，以货梯的尺寸为依据，把书架分成可以搬运的部件，书架在工厂预制，最后由工人搬上52层安装成整体。这不仅是体力活，也是精细活，安装过程中不能出现太多的磕碰和破损，现场不许喷漆，而两公斤的份额又太少。这大约是建筑师遇到的最具挑战性的一次装修了。

银光闪闪的叶子

上海中心52层有两个边厅，也就是花园可以给朵云书院使用。花园

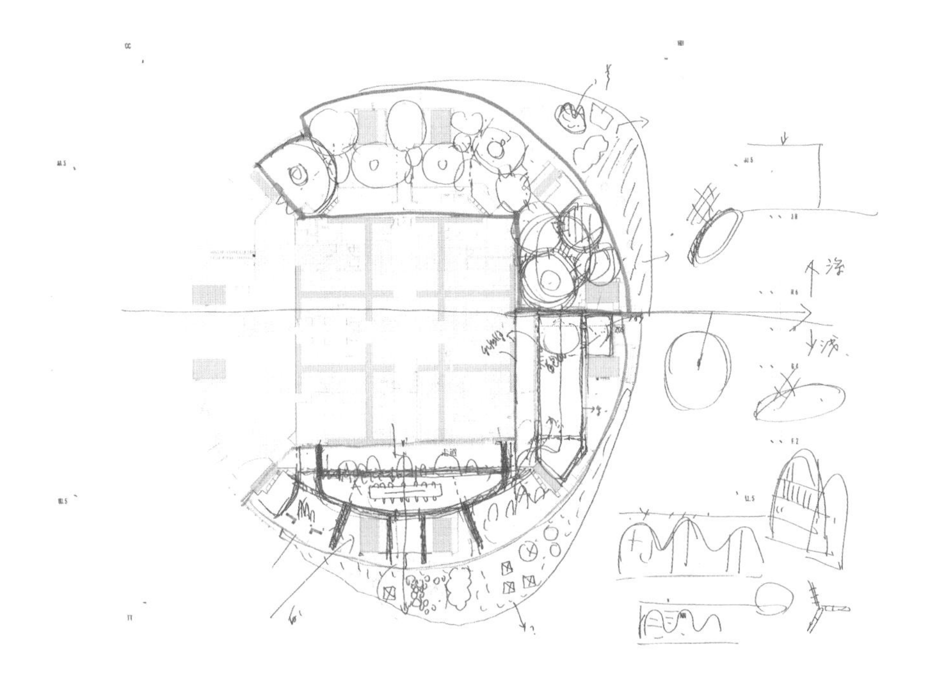

俞挺手绘草图·上海中心朵云书院旗舰店

里有巨大的盆栽，喷水池和石墩占据了有限的空间。搬运这些沉重的东西也算是巨大的工程，搬运的工程像是破冰船，地面和墙壁难免受到破损。所以在地面和主体书架完工后，花园还留着几个石墩和大树无法搬离。

于是在南花园，我设计了两个不锈钢的叶子形的高桌，银光闪闪的叶子嵌在树池和石墩之间，结果成为一个因地制宜的艺术装置。桌子仿佛波光粼粼的水池，倒映着婆娑树影，桌子或者也是银色的云，呼应着朵云的主题。你坐在这个银光闪闪的叶子边上，看着上面模模糊糊展现的上海，时间似乎有了一个停顿。业主把这里命名为好望南角。

隐藏的线索

但巨大的喷水池是根本无法移动的。我沿着北花园的喷水池设计了一个环形桌子，喷水池变成了花坛，客人可以坐在这里面对吧台以及背后的环球金融中心。我用预制的金属板把南花园的喷水池藏起来变成了一个舞台。舞台的中心位置有个圆形槽，暗示了下面喷水池的形状。舞台靠近外墙的地方是一个半圆形地坑，这是一个人看云处。你安静地坐下来，深情地看着脚下的城市，在上海，最平静最日常的生活也不会千篇一律。然而站在舞台上，则是一个小小高潮了，仿佛这城市的一切都不接触地面，而是一个向上运动的城市。你不由得会陷入一种骄傲，然后会着迷地想，自己是怎样的存在。

我们在这里交换记忆

在黑白之间，我设置了一个灰色空间。墙壁由两层组成，外面一层旋转出来形成重屏的格局，可以做展墙，是一个可以展览、演讲的多用途空间，业主名为海上文薮。当代意义的书店已经不是一个单纯购买知识的场所，它更是一个社交场所，我们在这里演讲、展览、交换彼此的记忆。朵云书院旗舰店就像一块海绵，吸收着这些不断涌流的记忆。我们在记忆的潮水里漂浮，没有比这更美好的感受了。

行云流水般的吧台

从最长的吧台看过去

上海曾经拥有最长的吧台，诺埃尔·皮尔斯·考沃德爵士（一位英国剧作家）对上海总会（现在的华尔道夫吧台）充满感情，他认为如果把脸颊放在吧台上，视线的尽头分明可见地球的曲面。这个故事在我脑海中挥之不去。所以当我站在北花园，目光从环球金融中心经过金茂，尽头看到东方明珠时，我想一个行云流水般的吧台很适合我们把脸放在上面，愉快地欣赏上海。最后 52 米长的吧台诞生了，它是不是最长的吧台并不重要，重要的是它联系了有些被遗忘的历史和生机勃勃的当下。

看得见的风景

上海中心被周围华丽的新城所簇拥着。我们为之骄傲，但又在内心深处隐隐觉得不够真实。而这壮观可见的风景决定了书院的内部风景。室内所有的空间呼应着外面的风景，开放的白书房可以一览无遗俯瞰曲折东去的黄浦江。而迷宫般的黑书房的框景把远处的建筑定格般纳入秘境。要知道无论如何，今日的上海更具魅力，因为只有通过上海变化了的今日风景，才能唤起我们对她过去的怀念。书院给了我们一个机会去认真思考上海可以是怎么样的。

上海的男和女

任何故事都离不开人，男和女的关系是我们一直热衷讨论的话题，它依然精致镶嵌在我的散文集里。故事从男生开始，那是蒂芬妮蓝的精品咖啡嵌在白书房里。故事在女生那里结束，那是闪闪发光的粉色的甜品屋，独立在故事的结尾仿佛巨大的彩蛋。

有人批评我用粉色这种不公平的颜色来表达女生。但自主的女生是不会被颜色所定义以及束缚的。这个耀眼粉色的甜品屋是黑白片的嬗变，她是上海女人的生活宣言，她有时会用余光看一下白书房后面默默微笑的蓝咖啡，是的，在上海，上海男人就是这么默默骄傲地站在女人后面的。

书店里的书店

白书房一角是豆瓣高分图书区，与此相对应的是遥远的黑书房尽端的墨绿色的伦敦书评书店专区。一个代表东方，一个代表西方，而东方和西方就是这样，相互依存，相互竞争，相互学习，相互吐槽，目光经常相接，但有时有爱，有时则无。我们的世界似乎就是由东方和西方组成的，而我们则是东方的。

读书是一种仪式

孙甘露说："我们可以把朵云书院旗舰店看成是上海的一个书房，就像每个人家里有一个书房一样。"读书这个传统在上海并没有消失，它反而越来越重要。孙甘露认为在上海中心这个垂直城市里上下和阅读是全新的认识和体验。他说："在最高点观察上海，了解上海，你正用眼睛抚摸这个城市；同时，通过阅读，你在用内心了解这个城市。"

符号

在上海之巅的上海中心 52 层的书店，意味着我爱上海，C–café 52 米长的吧台也是我爱上海。上海中心是上海这个大都市里的垂直城市，朵云书院就是上海中心这个垂直城市里的微型城市。朵云书店旗舰店无疑是一种英雄主义，洞悉了生活真相，仍然热爱生活；朵云书店旗舰店

南花园舞台

无疑具有一种乐观主义，实体书店的经营明明很艰难，但阻挡不住它对未来的信心；朵云书店旗舰店无疑更是一种理想主义，它坚信每一本书就是一个世界，我们可以通过书本认识世界；朵云书店旗舰店无疑也是一种高度的人文主义，每一本书里都有着闪闪发光的灵魂。所以有高度也有态度的朵云书店旗舰店就是上海的精神堡垒。

从这里看出去上海犹如梦境

朵云书店旗舰店综合了我们的欲望、理想和雄心以及细微的喜悦。我用连绵不断的书架创造了Space，结合象征和风景创造了Scape，业主和读者赋予了Spirit，最后朵云书店旗舰店这个奇妙的场所就此诞生。朵云书店旗舰店是能够唤起你所有想象的地方。而上海正需要这么一个高度的书店，这样的书店可以造就我们的灵魂。

跋

2019年8月12日，朵云书店旗舰店正式开幕。台风洗礼过后的上海更加闪闪发光，高高矗立的上海中心就是上海的灯塔，那么朵云书店便是这塔上的明灯。

现场2200平方米，经过每天100位工人，依据设计师300多张图纸60天施工，其中15天用来运输260吨书架上239米高处，150人两班倒10天安装完成。之后35位书店员工用4天时间把60000册书籍和2000件文创产品上架，6天整理完毕。朵云书院旗舰店终于优雅地展现在世人面前，它证明了一个道理，所有艰难的思考和训练，在最后都要表现出一种不可思议的轻松，这就是上海。

我们会希望在朵云书院旗舰店度过这么一天，并且在那时的我们一定是幸福的。

金属彩虹里的书店

——苏州钟书阁

这家书店对我来说，是最接近我这辈子所知道的圣殿的地方。一个地方如果没有一家书店，就算不上个地方了。

苏州钟书阁是我继设计第一家钟书阁五年之后的新作，位于苏州工业园区苏悦广场三楼。我希望钟书阁最后能成为一家伟大的书店，我认为伟大的书店就应该被设计成一个新世界。

书店是世界上最好的地方

这个新世界按照钟书阁的布店习惯，要分成四个主要功能区和几个细分的辅助功能区。我决定以象征主义作为策略塑造这四个功能区，并把它们组合成一个完整的世界表述。这个世界有如下四层象征意义。

安静温暖的阅读空间

图书阅览空间

彩虹空间回望萤火虫洞

1. 水晶圣殿

书店入口是新书展示区，当季的新书放置在专门设计的透明亚克力搁板上，仿若飘浮在空气中，这里除书之外，再无余物。建筑师用玻璃砖、镜子、亚克力和白色把这个区域塑造成水晶圣殿。它纯净，发光一般存在，引导读者继续深入钟书阁的世界。

2. 萤火虫洞

接着就是推荐书阅读区，他是新书展示区的下句，由对偶而得洁白的水晶圣殿下句是黝黑的山洞，象征阅读有时会让你有些沮丧，似乎陷于迷茫。但这山洞并非一片漆黑，思想有如萤火虫般闪烁在你的周围，激励你往前走。我们用光导纤维来创造萤火虫般的光辉。

3. 彩虹下的新桃花源

萤火虫洞的尽头，空间豁然开朗，大面积的落地玻璃幕墙带来了明亮的自然光线。我们先在这里布置了收银台和咖啡吧，作为读者来到钟书阁中央世界的歇脚之处。之后的转折，读者就进入了最主要的图书阅览空间。

我们利用书台、书架、台阶等实际使用需求，创造出悬崖、山谷、激流、浅滩、岛屿和绿洲。这其实就是一个抽象过的具有中国传统的山水世界——新桃花源。它被广袤的彩虹所笼罩。彩虹从天花泻落在地面形成屏风，自然而然地划分出阅读区，主要图书区以及艺术设计、进口原版等细分图书区。

在这里，四周仿佛都安静了，再喧闹的市井依然可以安静温暖地读书。时间仿佛流水缓慢地流淌，冲刷掉你偏见的坚壳，你在阅读中新生，在钟书阁的世界中新生，通过阅读，你不用担心自己是普通人，每个人都是自己日常的英雄。

4. 童心城堡

当彩虹绚烂的颜色逐渐归于平淡，于是在钟书阁的尽头浮现出来一个白色椭圆形城堡。它就是儿童阅读区。孩童之心城堡是由正反建筑小屋互相穿插组成很有参与性的空间，加之 ETFE 膜作为外墙组成的一个半透明的迷你城市。孩子们在这里可以无拘无束地浏览书籍，交往，或者看着窗外的世界瞎想。所以它有时更像一个椭圆形剧场，你在里面看到自己的过去和生活的真相，你会想，或许很久以前，你就盼望来到这么一个房间。

失去质感的金属

彩虹是由带有花瓣图案的穿孔铝板形成的。我原来选用的亚克力，因为耐火等级达不到规范要求而改用穿孔铝板。当穿孔率超过50%后，铝板在视觉上失去了金属应有的质感，多层次的铝板叠在一起，仿佛许多层次的面纱。失去质感的金属最终创造了朦胧不确定的视觉效果，给我们带来极大的惊喜。

参数化

彩虹的设计制作使用了参数化的技术。苏州钟书阁不是一个由参数化而形成的设计，它在某个重要的场景以参数化作为工具达到它象征主义落地的目的。

界面之间是边疆

彩虹落地形成的垂直曲线隔断和直线的建筑气候边界之间形成不同层次、不同尺度、不同动静的读书空间，有俯瞰街头的一个人的阅读角，

城堡中的“椭圆形剧场”

有开放交流的多人场所，也藏着供孩子们私密阅读的帐篷。两个界面之间的空间是钟书阁和外部世界保持独立性的边疆。

关照城市

我们工作室的信条之一就是任何室内设计都要关照城市空间。所以我说服业主把原来的选址改在能占据街角的三楼。尽管物业方禁止我们对建筑外立面进行改建，我们还是充分利用照明的手段，将钟书阁内部的彩虹呈现给了城市。它完全改变了街角的商业气质，它可以是屹立在时间和平庸的汪洋大海里的灯塔。

日常的奇迹

我站在街角看着苏州钟书阁，这彩虹里的书店，“每个人的生命中，都有极其艰难的那一年，将人生变得美好而辽阔”，最后看来，这一切都是值得的，它是一个可以企及的奇迹。

砼殿

——全东北最大的清水混凝土巨构地下建筑

你脚下的地面，是另一个深邃世界的屋顶

——《大地之下》

Wutopia Lab（俞挺工作室）设计的砼殿，即伪满皇宫博物院（长春）之博物馆之眼艺术宫，吉林第一个饰面清水混凝土建筑，东三省最大的清水混凝土建筑，也是中国最大的双曲面异形薄壳大跨覆土地下建筑，经过 6 年的设计施工于 2023 年 5 月 18 日国际博物馆日正式落成启用。

2017 年 5 月 1 日前 1 日，选了 20 多轮方案未果而筋疲力尽的博物院王院长找到我，希望我能给出一个能够代表长春的有说服力的方案。我的职业生涯总是重复着类似救急的故事，而我乐意接受挑战。对我而言，长春是个陌生而遥远的城市，我试图从这个城市的吉光片羽中着手。

以剖面做立面

碎片：象征、隐喻、对偶以及其他

长春曾经是东亚最发达的城市。现在长春依然是个重要的工业中心，也曾经“格外的风雅，盛养君子兰”。这个城市骨子里充满自豪，还洋溢着一种乐观主义，并不愿意躺平。

伪满皇宫占地并不大，以至于我觉得这是个过渡皇宫，但建造却很讲究，大屋顶结合洋风，古典主义形制，装饰节制而精致。齐康大师设计的白色东北沦陷史陈列馆则远远矗立在伪满皇宫博物院的东北角，缓

缓的坡屋顶低于皇宫正脊，非常谦虚。

我把这些零碎的片段组成上句。我想未来的艺术宫应该更谦虚，不去改变已经稳定的博物院景观态势，就此我将艺术宫藏了起来。鉴于皇宫以及陈列馆在结构上都是常规的，我决定把工业建筑常见的大跨度结构引进来而创造出巨大的室内空间来表达骨子里的自豪。

我决定采用风雅的曲线，通过象征、隐喻、联想等一系列修辞来表达一个伟大城市在新的历史时期希望再创辉煌的信心。同时，艺术宫又是一个能让我们的心灵摆脱时间对我们的日常掌控，让我们得以重新审视历史以及记忆，从而领悟生命存在的意义的当代表现主义建筑。

用看不见的钢释放被束缚的混凝土

我选清水混凝土的理由很简单，很工业。但对于清水混凝土的理解和表现，我远不如柳公子（柳亦春）和董公子（董功）。我决定回到遥远的三十年代，回到早期表现主义。把混凝土从整齐的模板中释放出来。用我熟悉的钢作为模板去塑造大跨度双曲面薄壳混凝土穹顶。当项目建筑师黄河担心界面保护剂涂得太厚，以至于通过 BIM 可视化技术精确排布的蝉缝、明缝、螺栓孔眼都被遮盖得有些模糊。我对黄河（项目建筑师）说，这其实蛮好，看看埃罗沙里宁的混凝土，柯布的砂浆，孔眼那些东西并不是我们必须表达的。保护剂在混凝土表面会形成一道透明的边界，在光线下，混凝土仿佛有了一道晕。随着光线的变化，晕里的高光沿着曲线踱步，一种克制的奔放便闪现出来。不，是妖娆。这是妖娆的表现主义。

不断延期的计划

工程复杂超过正常想象，不仅因为长春有冻土期，意味着在结构封顶前，三分之一的时间不能施工，期间还经历各种突发的停工，以至于我一度怀疑它是否能够建成。这个被藏起来的巨构是需要精致的施工工艺组织来完成最后宏大的叙事。

艺术宫选址在伪满皇宫建筑群和东北沦陷史陈列馆之间的刀把型基地上。南北高差 7.2 米。总建筑面积 16650 平方米。艺术宫主体北侧最大埋深 17.67 米，南侧广场入口最大埋深 10.47 米。总计地下两层。建筑大开挖深基坑边缘距离原有宫墙及碉堡最近距离 0.45 米，不仅需要加设支护桩和锚索，还要在陈列馆一侧地下新增锚杆静压桩保证两边平衡。此外还要加设新的地下通道和陈列馆地下室联通。

超过 10000 平方米的高支模清水混凝土饰面就是最后完成的，博物馆要求的各种设备管线都要事先规划预埋好后，要满足恒温恒湿、防风抗灾、安保防盗、消防警示的要求。艺术宫的屋顶是个 2000 平方米的活动广场，一个停车场和一个绿地。

我们在陈列馆正门前设计了一个插入地下的单层钢网壳覆曲面玻璃体，往下是艺术宫正厅，回头则在拱形框景里烘托了陈列馆。

整个连续的屋顶以剖面做立面在南广场戛然而止。在陈列馆门前，视线毫无阻碍。在南广场，大地似乎被掀开一条边。无论如何。第一次来的观众都不会知道大地之下，或者大地的罅隙里面有个深邃的宫殿，让人心驰神迷。

深时（The Deep time）

博物馆让我着迷的是，它已经不局限于考据并展示人类历史成果。“博物”这个词都在新的学科发展中甚至显得不合时宜。现在，博物馆更应

地下二层通高展厅（北侧）

该在远远超过人类历史时间尺度上涵盖地球46亿年的总体历史中去更深刻研究生命这个主题以及时间的相对性。不同的时间尺度会带来不同的历史观，这就是深时。

当我构想空间的时候，我想利用地下建筑这个切入点去表现“深”。也想用超大尺度让人失去方向感去改写我们习惯直线的时间轴。最后我确立了中心是仿佛展翼的双曲面穹顶，18m × 27.5m 边长，16.5m 为最高点的结构单元作为空间节点。整个艺术宫有三个彼此联系的空间节点，它们是我试图引导观众在以深时作为背景去理解生命、历史、环境和社会的密切关系而得以审视自己未来的发展方向以及生存和生活方式的架构。

审视这个词让我联想到了眼睛。我决定在突破地面的双曲面薄壳穹顶开设眼睛形状的天窗。把天光引导到地面。眼睛有着显而易见的象征意义，更可以强化天光塑造观众体验和观念。它会帮助观众重新在人生很短的一个时间段里理解不同的时间观。

阳光照在我身上

毫无疑问，天光塑造了艺术宫的灵魂。通常的地下建筑更多是庇护所，天光把艺术宫这个巨大殿堂背后的“深”给展现出来了，从而让艺术宫具有了精神性和神圣性。你站在这一组被天光所引导的空间里，会觉得似乎有无限的时间，或者只有时间。“深”让你失去方向感，那个我们一出生就无法拒绝的时间之矢似乎失去了方向感。天光在地面上的影子在漫长地变化，你一开始会焦急，然后有些无奈，你欣赏这美丽的光，熟悉也有些陌生，触摸不到天光却在它的投射中，你会想起一句话，在你存在的刹那前后，都是黑暗。你会痛苦，也会感受到寂寞，更会感慨生命的奇妙，不由得想低低吟诵几句，或者跳舞。

这束光其实来自二十年前。2003 年，我离开挤在少女泉的大部队，一个人赶到了万神殿。因为是阴天，整个万神殿就是一个黑黑的BDO（Big Dumb Obiect，非人类制造的、巨大的沉默物体，拥有不可思议的力量。它最早是1993年澳大利亚学者彼得·尼克尔斯在《科幻百科全书》中杜撰的一个概念，后来逐渐广为人知）矗立在大理石建筑群中央。我站在这个BDO里面，在阴影中不明所以的我以至于失去了方向感。突然日头在穹顶出现，刹那，太阳穿透黑障，狠狠打在我头上。那个瞬间，我失魂落魄。

大地之下，天空之上

我把博物馆复杂的各项功能隐藏在主空间的两侧，突出了主空间的纯粹，这很容易让人联系最常见的时间观——永恒。然而永恒又是我一直怀疑的概念。可能基于我们生命的短暂或者脆弱，人们会用巨大坚固的实体去表现永恒，这更多是我们的幻觉。在地下天光里的那个短暂的时间里，在追逐这三个联系而有距离并变化的天光里，个人各异的感悟或许也有永恒，但对具体的人而言也就是那么几分钟。无数人在不受场地束缚、不同时刻里的此起彼伏的相似相异的感悟则是永恒的。砼殿以一个庞大似乎静止的物质空间突然俘获了这短暂的永恒。

万物都在闪烁

开幕前，我穿过展厅走到博物馆最深处，躲在黑暗里，看着早上的

入口大厅

穿孔铝板平面装置细部

阳光透过眼睛落下。过了一会，我似乎听到了呼吸声，曲面穹顶似乎变成了巨大的翅膀，在慢慢扇动，艺术宫被唤醒，仿佛要破土而出。人生总有那么几次，在一个平常的日子里，突然感受到强大的力量，地动山摇，那是幸运。

> 以深时尺度去思考问题，不是让我们逃避麻烦重重的当下，而是重新想象它，用那缓慢而古老的、关于创造与湮灭的故事，去抵抗现今急速运转的贪欲和骚动。它敦促我们思考：自己眼下的所作所为，会给我们身后的生命乃至后世留下什么？
>
> ——《大地之下》

彩蛋

5月18日一同揭幕的还有 Wutopia Lab 新成立的 Wuto-Art，以俞挺最擅长的穿孔铝板创作的博物馆之眼平面装置。未来，在所有 Wutopia Lab 的建筑里都可以看到 Wuto-Art 为该建筑量身定做的主题穿孔铝板装置以及数字衍生产品。因为建筑落成并不意味着落幕而是新的周期的开始。

谁设计了全上海最漂亮的地铁站

新落成的上海地铁 15 号线吴中路站是一个展示上海改革开放建设成就的公共文化空间。Wutopia Lab 设计的被称为上海最漂亮地铁站的地铁 15 号线吴中路站于 2021 年春节前两周落成并投入试运行。

吴中路地铁站厅浓缩了上海改革开放的建设成就

上海给许多人提供实现梦想的机会，在上海这座城市里，只要你有梦想，一切皆有可能。

申通公司在 15 号线的地铁站站厅设计上做了创新，他们在吴中路站采用净跨达 21.6 米的预制大跨叠合拱形结构，从而创造了上海地铁首例无柱的无遮拦大空间站台大厅。

地铁站内的城市轮廓线

地基不适合建设地铁的上海最后成了全世界运行公里数最长的城市。地铁的不断延伸推动了上海城区的高速扩展以及繁荣。而吴中路站也是申通公司总部所在地。当建筑师看到这个宏伟的拱形结构时，一个想法自然而然地进入脑海。这个站厅应该是一个展示上海改革开放城市建设的展厅。如果把站厅地面看成黄浦江，那么它的两侧就应该是浦东和浦西壮观的城市景象，而站厅的两端就应该反射出上海壮美的未来。

于是建筑师设计的第一步，就是简单而直接地用穿孔铝板在站厅两侧塑造了层层叠叠的浦江两岸的城市景象。你可以看到熟悉的地标建筑，但更多的是对上海这个摩天楼之城的抽象表达。站厅两侧的城市景观沿着拱壁向上延伸，仿佛要合拢。而站厅两侧的镜面反射墙则把这个景观无限延展，仿佛没有尽头，你在这个熟悉却有点陌生，但最后还是发现归属感的场所里，因为看到了上海的伟大而骄傲，也会为是这个伟大城市的一分子，无论是新旧上海人还是匆匆过客而自豪。

吴中路地铁站厅就是一个上海人

> 上海特别亮，到处都有光，我觉得我只要站在光里，我就能够虚张声势，我就能够咬着牙。我活得特别坚强，我这么多年都过来了，我受了这么多的苦，我受了这么多的气，我觉得我什么都不怕。

作为一名上海设计师，在设计推进的后面几步，我希望在细节处理上更能够体现改革开放背景下上海人的精神风貌和品格特征。

清爽

上海人第一个特点是做人要清爽，所以这个站厅清爽得像一个展览馆。只有闸机提醒你这是一个受管理的交通空间。但要做得清爽确实是一件不容易的事。

首先要保证拱形结构的清爽。申通公司要求建筑师最大限度地展现站厅大跨度拱形的结构美以及真实，要暴露结构的原始面目，不许用吊顶覆盖。事实上，建筑师也无法用吊顶再做一个光滑的顶，因为固定吊顶龙骨所用的钉子会破坏预制结构的安全性。这样一来原本走吊顶的空调风口、喷淋、照明、摄像头、逃生指示便会无处安身。

不过办法总是有的，上海人做事要清爽。建筑师团队先利用预制结构件之间的缝隙嵌入了消防喷淋管，让它看上去像装饰线。其次把拱顶泛光照明放在城市背景墙下的空隙，从地面打亮天花。摄像头和逃生指示利用城市背景的结构龙骨侧装。最后把空调风口分成两部分：一部分在站厅尽端墙上以圆形喷口送风；建筑把另外一部分风口结合进下站台的自动扶梯三侧栏板，形成了一个 U 形拉丝不锈钢通风矮墙。最后，这样的拱顶反而比有吊顶的天花更清爽。

不过这不算完。在施工中发现地铁的设备管线集中交会在站厅四个入口上方，并且引出支管沿着拱形墙壁在 3 米左右高度贯穿站厅，粗暴打破了拱形结构和城市背景轮廓线的纯粹视觉，一点也不清爽。于是建筑师在城市轮廓线的背后加了一道连续的深灰色弧形穿孔铝板，它很好地遮挡了管线也成为城市轮廓线的背景板，并更好地突出了城市景观。建筑师在入口处修改了拱形曲线，让它更接近半圆，两道弧线之间的空间就可以容纳庞大的综合管线。这个修改也让入口自然有了一个具有体积感的门套。门套由 GRC 材料预制拼装而成，完美适配原有拱形曲线，经过处理的 GRC 表面与混凝土拱顶融为一体。入口边上的消防栓也采用

站厅与通道入口

了创新的隐藏式转轴门，让其几不可见。建筑师在入口设计了经过精确计算和预制的双曲面 LED 灯线，强化了门的符号，与地面倒影一起形成了四个光之门。所有行人将会在这四个清爽的光之门进出吴中路这个清爽的站厅，目睹一个微小的日常的清爽奇迹。

挺括

上海人追求做事还要挺括，这体现在处理细节的精准、精致以及灵活。通风口结合栏板形成通风矮墙的设计固然清爽，但通风管道需要让开结

站厅通往站台的扶梯

构梁。这样栏板墙不能紧靠结构边缘而有一段空隙，不清爽，也有安全隐患。如果在结构边缘直接起墙结合通风墙，那么这个栏板就显得过于笨重。于是建筑师设计了梯形台，在风口高度形成收分。由于有个斜角，地铁方担心和自动扶梯之间会形成个三角形空隙导致万一有人从这里坠落。建筑师为此做了 L 形折边，形成了一个印刷体的大写 U 字，这样就闭环了。也是出于安全考虑，建筑师接受地铁方意见把风口设计成凸出的格栅，避免有人把孩子放在通风矮墙上。为了进一步削弱通风矮墙的体积感，建筑师选用了能模糊反射周边的拉丝不锈钢，并用 LED 灯带作为矮墙和地边的分界，让这个体积具有了漂浮感。

整个站厅最高潮的设计无疑是两侧展示上海城市景观的景墙。建筑师用三层穿孔铝板形成了层层叠叠有层次和进深的城市背景。由于拱形结构不能施加构造龙骨的钉子，所以所有铝板是通过地面主龙骨上焊接次龙骨形成的网格来安装的。恰好建筑师不满意铝板的单薄会造成纸片感，要求铝板折边来形成一个视觉厚度，结果这个折边不仅形成了体积感还精致地在侧面视线上遮挡了龙骨。三层铝板之间的空隙提供了铝板和拱顶的泛光照明需要互不干扰安装的空间。进一步，建筑师为了让这个城市背景更加有层次而不死板，在确定可以安放 LED 模块基本的开洞尺寸后，在不同建筑和层次上设计了五种尺寸的穿孔，削弱铝板反射光线和声音同时，也削弱铝板金属面的呆板。不同空洞在三个层面上层层叠加，让这个城市看上去望之不尽。建筑师在不到一米的厚度上却创造了一个城市的深度。这样一来，作为过客的你站在地铁站厅里，上海有如梦境在你周围展开，这有些陌生的熟悉，让你觉得好像在梦境之中同时拥有了上海过去、当下和未来。

笃定

上海人做事不慌不忙，兵来将挡水来土掩，这叫笃定。吴中路地铁站的设计和施工中总会遇到一些在预料之外但必须处理的状况，设计师在坚持最初汇报的效果的前提下需要一一处理并处变不惊地避免因细节

通道入口

处理不当而导致效果走样。

我们在施工图阶段发现，按照地铁站厅的规范，需要在城市背景墙前安置一道高 60 厘米高的连续挡水墙。如果延续地面大理石材料，那么这个挡水墙会显得笨拙；如果仅仅刷一层涂料，则显得粗陋，上述两种方法都会让城市背景仿佛齐脚被截。建筑师决定用贴有渐变膜的连续的玻璃作为挡水墙。渐变膜在功能上提示此处有玻璃避免行人撞上，在视觉上则制造了建筑仿佛在晨霭中缓缓升起的戏剧性效果。从最后的呈现效果看，这仿佛是整体设计的一部分而不是后来随机应变的结果。

随机应变的笃定还体现在尽端墙体的设计上。建筑师原本将整面墙设计成完整的镜面，但在综合设施设备发现，这面墙有控制室的窗子，有工作通道门，有无障碍电梯门，有机房通风百叶，还有自动售票机。这些设施高度、宽度不一，深度凸起不一，没法清爽。建筑师延续了城市轮廓线的故事，把轮廓线延伸到这里形成抽象的高高低低的连续的线，线下面把各种设施包括在内，这些窗子门洞售票机仿佛是城市的建筑，用和通风墙一样的拉丝不锈钢。轮廓线之上还是采用镜面，于是两侧的城市景观仿佛越过近景的城市而投射到无限的远方。似乎设计一开始就是这么设想的。

分寸

上海人讲究交往中的分寸，在合适的地方有节制地展现自己隐秘的自豪感。市民在抽象成一根连续的LED灯带的城市轮廓线的指引下引进入或者离开站厅，这里的轮廓线并没有重复站厅复杂的设计，仿佛是高潮的节制的序曲或者尾声言，设计言于此而不必多就是分寸。

你或者会注意到站台天花上也有这线性的LED灯带，但你不会意识到它们其实就是上海地铁运行图，而光的运动轨迹和是站台两边的地铁行驶方向是一致的，通道两侧的城市轮廓线光带轨迹也是同理。

你可以在壮观的城市轮廓线里看到著名的东方明珠、三件套和其他标志性建筑以及许多抽象的摩天大楼，但你如果有心点会发现有十个建筑是上海地铁重要的站厅上盖建筑。建筑师就是这么含蓄地展示了一种自豪，分寸有度地表达了地铁对于上海这个伟大城市不可或缺的推动作用。

吴中路地铁站厅更是一个公共文化空间

> 这个时候，上海变成了光的世界，一个光的海洋，像数不清的星星落在世界上。

这个地铁站就是一个象征主义场所，象征上海的场所。建筑师在第一次汇报时说，建筑师有责任说服业主把任何功能性的公共空间变成一个能够凝聚人心的公共文化空间，还说吴中路站会是中国第一个有表情的地铁站。

建筑师在第一次汇报时告诉申通公司，他可以用灯光照明设计来达成上述的目标。吴中路站厅的灯光系统经过精密设计，采用四个部分组合来实现符合规范的照明功能与具有极强表现力和想象力的动态光效。由于站厅的整个拱顶不排设任何电源线，因此在整体照明上采用天际线铝板后的泛光照明系统，在通过反射光线满足空间照度要求的同时，也实现了光源隐藏的柔和视觉效果。运用 RGB 色 LED 光源还让投射在拱顶上的照明可以配合场景要求呈现丰富的色彩和动态效果。城市天际线造型的三层铝板，同样采用了隐藏的泛光照明系统，三层可分开控制，表现出明显的层次感和立体感。在天际线穿孔铝板的背后，建筑师采用两种不同的照明系统营造出站厅最具特色的核心视觉元素。两侧靠近出入口区段的天际线背后是星星点点的灯组，仿佛夜色中城市的万家灯火。中心区段的铝板后安装了对应冲孔的全覆盖 LED 照明模块，通过设计和编程，可以实现千万级色彩数变化和图形效果，就像浦江两岸精彩纷呈的幕墙广告牌。这个可通过智能程序控制的照明系统让站厅进化成为一个公共文化空间，更赋予了它未来场景打造的无穷想象。

经过两年的设计和施工，业主单位申通公司赞许吴中路站完全达成了效果图呈现以及实现了建筑师所有的承诺。是的，吴中路站就是这么一个能够创建社交鼓舞人心的开放的城市美术馆，一个前所未有的最漂亮的地铁站。

那就用上海人的习惯语结束本文，“漂亮”。

大隐于市的收藏者之家

Wutopia Lab 接受业主委托历经六年完成了位于上海市中心的带有一个黑院子的隐秘的收藏者之家：一米藏。

2020 年 7 月，这个历经六年波折的闹市小宅院终于宣告落成。它是小博物馆、图书馆、展览室，可以做会所，也是家，更是业主送给自己妻女的礼物。虽然业主本身也是建筑师，但依然避免不了摇摆不定。从最初的会所或者微型美术馆到自住宅，到最后展示藏品、社交会友和居住兼顾的一米藏。这个变化的过程是其生活和定位变化的过程，为此设计师一开始就为项目设定了一个基本框架不变而可以灵活局部调整的建筑学剧本。设计师用一道连续的界面把建筑分成两部分。界面前的生活空间和界面后的服务空间。

在连续的界面以南是兼顾展厅和图书馆的起居室、餐厅和主卧室以及独立在院子里的茶室，院子内分为花园和舞台。连续界面之后是厨房、

一米藏俯视图

一米藏草图

厕所、设备空间以及一个女主人空间——一个展示藏品的闺蜜室，夹层空间用来作为服务人员休息、储藏和男主人空间以及家庭起居。

被设计成图书室式的起居室，具有仪式感，四壁不着一物，但窗外即景。两侧黑色书架展示业主的收藏品并限定了起居室的方向感。搭升降梯可以从起居室到夹层，连接了竖向的交通。

夹层的主要空间是属于男主人的。这个有些暗的私人居处通过窗口联系着门厅、卧室和起居室，这种合理窥探的设置来自设计师念念不忘的索恩博士博物馆的体验。而女主人空间是界面背后的闺蜜室。它是一个有着闪闪发亮的星系的蓝色宇宙。每颗星都是用透明亚克力球定制的展品架，这是阿那亚儿童餐厅中泡泡装置的缩微版。

黑色是极好的背景基调衬托绿树和白色房子。以黑色火山岩铺装作为基色，以太湖石作为花坛的堆石，配合如龙蛇的紫藤和长势喜人的紫荆，因地制宜就地取材地打造一个微型的黑色当代中式花园。

茶室转角不能有柱子，连续的玻璃窗在角部要开放，这样屋面要悬挑 4 米。上夹层的楼梯要轻薄，不要有踢面，也要从仅仅 120 毫米厚的墙体上悬挑。设备尽量隐蔽，所要的空间压缩到极致。玻璃窗要大，不能有多余的分割，才能容得下最好的景色。这个设计充满了非标的设计，离不开业主深化设计团队的支持。

堆石对建筑师和工人都是一项漫长艰苦的工作。太湖石因相邻石头的不同关系而能表现出不同的状态。所以当石头落位后，经过不同角度

黑色庭院

的观察和判断后，调整角度或者索性替换，堆石充满了不确定性和惊喜。最后 20 平方米的石院费时 6 个小时才稍具规模。

废弃的壁炉和入户门，成为一米藏一个沉默的历史记录。一条贯穿书架和墙壁的连续金属线条，是建筑的零零标高，斑驳的红漆大门，把漆刨掉后，露出沧桑历史的大门的本来柚木的材质。被覆盖的文本仿佛考古般恢复了原貌的特征。“米”得之于屋主女儿小名中的一个字，作为隐喻的符号镶嵌在庭院大门和建筑物勒脚上，也是建筑物历史和回忆的记录。

庭院里的帷幕是由下而上收放，这样在没有帷幕的时候就不会因为悬空的窗帘盒而打破空间连续性。设想是简单的，但落实起来有许多难点需要处理，帷幕两侧和建筑物的交接，收纳后的防水和排水处理，等等。但经过深化设计团队技术攻关后，你看到帷幕徐徐升起，把庭院分成舞台和花园两个部分，树影落在帷幕之上，或者半透明的帷幕背后若隐若现的景物和人，你中有我，我中有你，而模糊了时间和空间的戏剧性那一刻，所有的折腾都是值得的。

设计师以庭院紫藤花为范本设计了穿孔板的花纹，配上灯光仿佛烟火瀑布，为了不让落水管打断屋檐连续的黑线，水管呈现之字状让黑线穿过。设计师设计了漩涡纹排水口，才配得上周边如云雾的太湖石。曲折有致攀附到墙顶的楝树的中段加了一个支撑，灵感来自时常出现在达利绘画中的拐杖。而茶室立面是用肌理变化来表达设计师某天风过心头吹出涟漪的愉悦感觉。

整整 74 个月。业主说他一开始并不知道想要一个什么样的房子，但有一点很明确，就是要展现生活里那种闪光的戏剧性，但又不能浮夸。双方都在倾听对方的意见并阐述自己的理由，然后以作品完整性作为最后评价标准作为各自退让或者调整的依据。这就是建筑师为建筑师设计一米藏的故事。

作为场所的一米藏，具有个人身份的核心层面文本，可以是真实的，也可以是虚构的，或者交织在一起。场所是可能性、假设性和幻想中的

起居室

闺蜜室

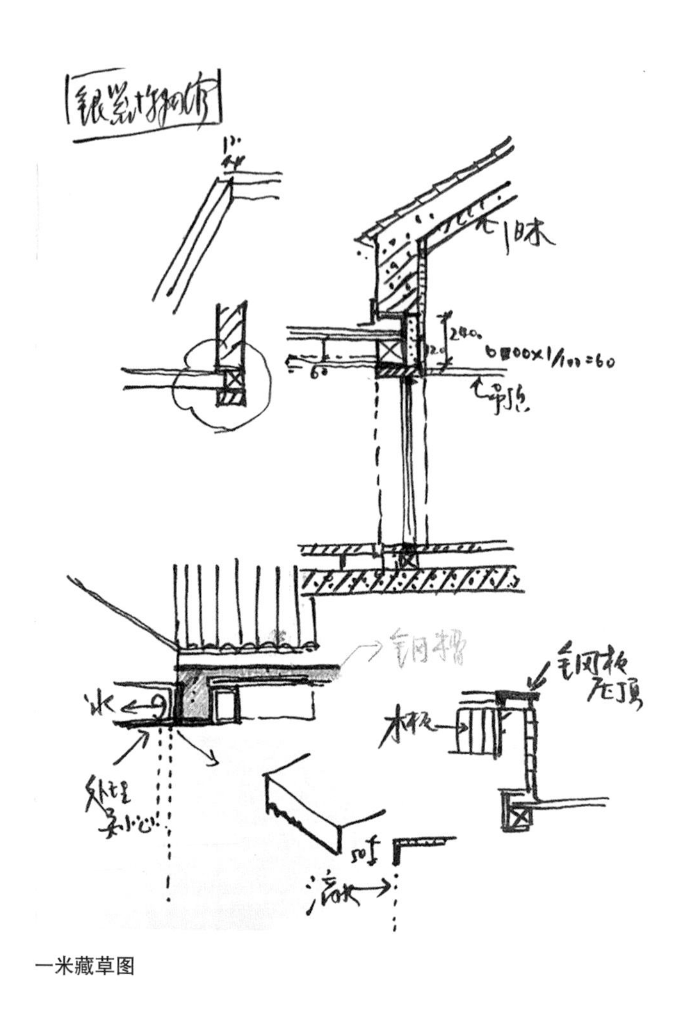

一米藏草图

一个复杂文本——有可能发生事件的场所。它存在于空间之中，渗透着不同的社会概念，形成外观或者文化的景象，有的会引起强烈的生理和情绪反应，唤醒身体意识，场所具有的物质和符号价值能够创造变动的不同纬度的精神。

镜花水月

任何人对场所的审视和观察以及认知都渗透着社会概念，少数人会注意到天气和光线可以象征投射到场所上的人类情感。在一米藏，公共和私人之间的界限有时变得模糊不清。如果从事件的角度看，真实和虚构、公共和私人彼此以不同尺度的场所互相镶嵌成暧昧的文本。而场所作为文本也不拘泥于固定的地点或者事件、时间被移置或者改写。文本甚至没有尽头，不断综合事件发展出更新的文本，而让人持续发现和重新认识一米藏的场所。

昆曲演员从房子的大门缓缓走到庭院中。灯光将墙壁上的圆形壁龛变成了一轮满月，倒映在地面镜面上，这就是黑院子里的镜花水月。演员轻歌曼舞，何似在人间。这个短暂瞬间的美丽，之后回忆起来仿佛幻觉，但在那个时刻，则是永恒的。这大约是设计师真正想要表达的主题。

中国北部最有想象力的餐厅
——阿那亚泡泡餐厅

站在红色的飞屋里，你看到的大海正如希望的那样湛蓝。

日常的奇迹

我希望我的建筑实践能够以丰富的想象和艺术夸张的手法，对现实日常生活进行“特殊表现”，把现实日常生活变成一种“神奇现实”，创造出能够揭示现实生活真相的日常奇迹。“奇迹是现实日常生活的必然产物，是对现实日常生活的特殊表现，是对丰富的现实日常生活进行非凡的、别具匠心的揭示，是对现实日常生活状态和规模的夸大。”夫人和我希望我们的建筑能够变现实为幻想而不失其真实，我们设计的阿那亚儿童餐厅便是这个设计哲学最好的范例。

场地鸟瞰图

一个乐园需要多大？“只要刚够自由生活用的”

业主把阿那亚园区会所的一翼二层作为儿童餐厅。餐厅两层总共1000平方米不到，但创造一个孩子们的乐园就足够了。我们重新规划了功能流线。把入口大厅放在二层，由室外楼梯直接导入，二层主要空间是自助用餐大厅，以及包间。一部分人可以通过弧形大楼梯进入一层星空笼罩下的游戏大厅，一层还有一个利用边角空间形成的绘本馆。另外一部分人则可以进入户外平台由一个楼梯通向餐厅的标志构筑物，在屋

通往飞屋的楼梯

红色的飞屋

顶上的红色飞屋。“只有小孩子明白自己在寻找什么”，所以我们用明黄色作为功能流线的线索把这些空间串联起来。

我们是打算创造一个无尽头的世界乐园

我们面临的建筑现实是，无论商业建筑还是实验性建筑，阿那亚园区的建筑都遵循建筑学的材料真实原则。夫人和我决定消解材料的物性，在具体的物理空间中创造一种失去材料质感和空间指向的场所。夫人想起了泡泡，无色透明，会折射彩虹，也稍纵即逝，无法捉摸但孩子们乐此不疲，短暂仿佛永恒。儿童餐厅就应该是一个无尽头的世界，无忧无虑。

我们决定使用聚碳酸酯这类高分子材料来打造，这个材料我在一个美术馆的项目上使用过，结合光照，能够创造一种失去体积和质感的场所体验。阿那亚儿童餐厅应该是个泡泡梦幻乐园。

首先忍不住改写一下我们看到的现实

我们先用聚碳酸酯板在一个混合了草原别墅和当代装饰艺术和高尔夫乡村会所的立面前形成一道半透明模糊的新立面。新立面仿佛面纱，遮挡了旧立面。新旧立面之间形成的空间安置了垂直绿化，大楼梯。新立面并不是气候边界，新立面和旧立面形成的有层次的立面空间才算是完整的立面。被聚碳酸酯板过滤过的光线非常柔和，也很不真实。进入新立面里面，就意味着进入乐园了。

二层：迷失在空间里的一个地方

我们用三层聚碳酸酯板搭建了两个包房，又在最主要的方形空间中用磨砂的 PVC 管围合了一个圆形空间，这就是主要的用餐大厅。密密麻麻排列的 PVC 管，有些柔软，在发光顶棚柔和的光照下，仿佛光的森林。这森林背后是门厅、厕所、备餐、取餐台以及进入一层的弧形明黄色大楼梯。圆形、漫反射灯光、白调子最后让这个空间失去质感、尺度和方向，

西立面

阿那亚儿童餐厅草图

飘满气球的二层餐厅

是对我们习以为常的空间的一种反动。顾客站在这个大厅里仿佛站在了轻的梦境上。现实的材料创造了不真实的幻想但确实是真实存在的。

一层：迷失在时间里的一个地方

我们用 PVC 空心球、玻璃纤维布、海洋塑料球、人造石和地胶为孩子们打造了一个游乐场。和二楼柔和明亮的用光不同，顶棚仿佛星空，于是在一楼我们创造了一个暗暗的深度梦境。我用哈哈镜作为游戏空间的边界，扭曲的镜面也扭曲了场所的真实感。孩子们在这里嬉戏、演出、学习、社交、游戏，更重要的是可以自由自在地飞奔，仿佛时间不再流逝。“永远不要长大，这是一个孩子童话般的梦想。”不过这终究是错觉，他们会明白“即使长大后的世界远不像所想象的那样美好，我也要勇敢去面对”。

更多的地方你可以自行发现

在主要空间的边缘隐藏的粉色回忆的厕所、海洋之声厕所，有镜池、不锈钢的滑梯、蹦蹦床和泡泡树以及一个神秘的绘本区。它们是这个新世界的角落，需要顾客自己去发现。也许他们也会注意到脚下的圆孔可以窥见一楼的梦境。

但“如果你不出去走走，你就会以为这就是世界”

整个餐厅最重要的高潮是屋顶上用双层穿孔铝板搭建的红色飞屋。沿着黄色的线索，经过一个不锈钢的水面，绕过泡泡树，曲折走向屋脊，光线越来越亮。“右边第二条路，笔直走，一直走到天亮。”飞屋就在天亮的光辉之下，它就是一个想象力宣言，在整个园区中闪闪发亮。

生活的符咒如此精美

那流动的城堡

抒写了一个纯净的童话

任何设计无论规模大小，都应该具有超过限制的想象力。我们从一开始就不想把儿童餐厅局限成一个室内设计。我们把原来的物理边界看成成人的偏见，我们需要做的事是把这个偏见打破，或者改写。这空中的飞屋很容易成为园区一个显而易见的标志，它也可以是灯塔，指出我们生活的局限，告诉我们“如果不美的话，活着还有什么意义”。

人总要感慨几句

这就是阿那亚儿童餐厅，化解了存在于梦境与现实之间的冲突，创造了一种超越的真实。设计和料理一样，要有想象力，还要有决心。

“尽管一个个孩子总要长大，可孩子的梦想却世世代代，传承不息。”

白昼奇境是一座钢铁花园

上海惠建邀请 Wutopia Lab 为他们在湖州项目的售楼中心设计一个前场。甲方希望这个前场要不一样，至于如何不一样，请建筑师决定。条件是可以改建售楼中心的立面，但需要保留室内。

上阕

设计可以从批判开始：反广普城市

从一线城市到三、四线城市新区的人们都居住在一种似乎有规划但实际无个性、无历史、无中心、无规划的相似面貌的新城里，都居住在无差别的房型里面以及清一色的房地产之新古典主义或者新装饰派艺术的立面后。事实上，我们各不相同的生活就被这现实中的闪闪发光的广普城市所掩埋。

我在 2017 年的梦想改造家真人秀里把一套三房两厅的户型改成一房

城市中的白昼奇境

一厅。这个在网络上被口水淹没的设计是我试图改变对人们习以为常的居住模式（其实这个模式成为普遍模式也没超过 40 年）的一次试探。

既然发展商大方地把设计的主导权交给了我。我觉得可以去主动创造这么一个新场所，这个后来被命名为白昼奇境的钢铁花园，是综合了建筑、景观、室内、照明、装置艺术以及我们生活中某些回忆和情绪的魔幻现实主义场所，把一个销售中心的前场变成一个周边地区都可以共享，甚至整个湖州人民都可以使用的开放的超现实主义花园，它就是一个反广普城市宣言。

设计可以很主观

我在 2018 年第四期的《时代建筑》的文章《必须主观：客观的当代设计无法继承主观的古典园林》一文中提出了主观性设计态度。在白昼奇境，我从自身的经历和体悟出发，决定以梦境为主题。这个场所可以挡住售楼中心的立面而不用花费精力去改建它。这个完整但普遍的售楼中心镶嵌在了普遍的、枯燥的新区，两者以无个性、无历史、无中心的特点共同成为边界清晰、中心明确，同时有个性、创造历史的白昼奇境的上句。主观性也是反广普城市的。

为什么是梦境

生活是一系列的挫折和打击，“我们根本没有能力遗忘或者粉饰那些我们认定的灾祸，它们撕裂我们，重击、棒打、灼伤我们，让我们窒息。”（西塞罗）。只有经历风暴，人们才能深刻体会家对于人生的重要意义。就此，如果有这么一个场所，能够让人有那么一个瞬间脱离现实、忘记痛苦以及时间加诸因人而异的身体上的痛苦和精神上的焦虑，它就应该是美好回忆以及祝福未来的梦境。一个让人忘记了时间的场所，这正如维特根斯坦感慨的那样“唯有当人不活在时间之中，而只活在当下，他才快乐”。是的，人们需要一个快乐的白日梦。白日梦一定是反广普城市的。

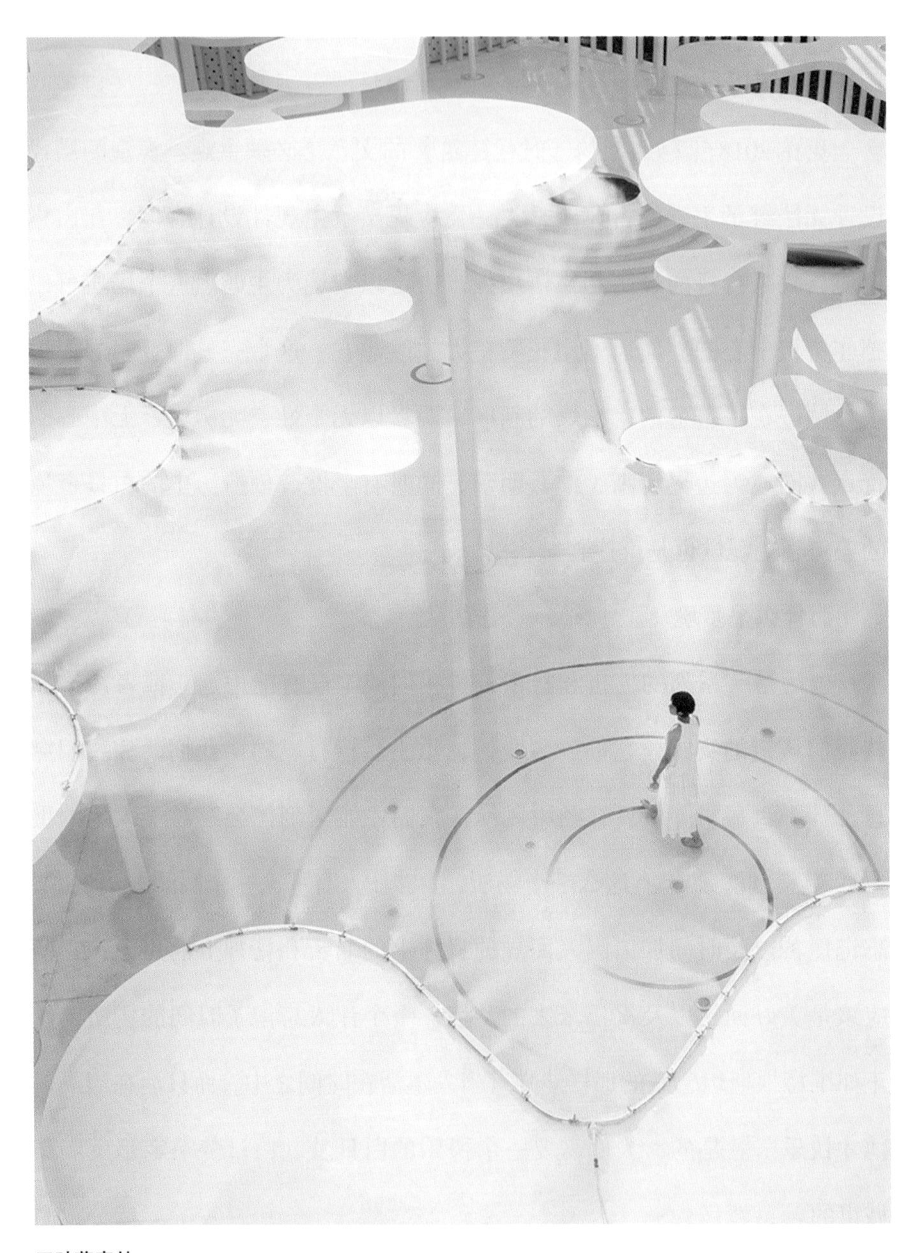

三叶草森林

用普通的材料和形式建造反普通的梦

发展商希望这个花园能展示项目预制技术应用的特点。我决定使用普通的钢材，在工厂制作成型后到现场安装。我很满意在建筑模型博物馆中用连续的直立钢杆形成半透明的连续界面。于是这次用 529 根 6 米高的钢柱来构成白昼奇境半透明的形状完整的边界，并就此消解了售楼中心的立面。

白昼奇境的基本构成来自女儿堂堂的梦中和绘画里时常出现的场景——森林。我们用 108 根三种尺寸的钢铁三叶草作为基本要素构建了抽象森林。并以森林形态为依据沿着参观路径创造了岩洞、山丘、溪流、涌泉，作为空地的林间剧场、巨石和荒原。此外，还参考了玛格利特的绘画，将这些物体改写成白色的精致几何体，并以设备模拟了星空、云朵、晨霭、迷雾、鸟叫和花香以及篝火。这一切都是白色的，抽离所有物体的物质性而让一切显得不真实。最后用普通的材料和最基本的形式重复以及组合而建造了复杂丰富的不普通之梦——106 吨钢铸就的 3300 平方米的白昼奇境。

下阕

白昼奇境是一个镶嵌了许多生活碎片的超级文本

白昼奇境作为一个新类型的场所，本身就是一个编织了生活中许多欲望、情绪以及回忆和希望的超级建筑学文本。

云朵、森林、晨雾、木马、火焰

你们可以看到云朵下的木马，这个代表成年孩童心的道具已经在我关于梦境的一系列设计中反复出现。你们也可以看到秋千，看到彩色的沙坑，看到眼睛里的星空。这些曾经在生活中闪过的片段被重新提炼后镶嵌到白昼奇境里。当然如果算上大熊和独角兽，而只有这些，那不过是谄媚。生活不止这些形式。我特别喜欢上海静安嘉里中心的旱地喷泉。

那不仅是景观，也是孩童们互动的游戏场地，更是人们社交的核心去处。所以在林间空地，我执意设置了 117 个喷嘴组成的喷泉。和喷泉相对的是巨大的覆盖下的剧场，是夏天乐队表演的场所。这两处构成了家庭和朋友们社交的生活场景。森林中央的篝火是大界机器人用 5954 米荧光碳纤维编织而成的红色的圆锥体，它是一个可以进入的固体火焰。它在白色森林里，在白色山丘上，它是白昼奇境的中心，让人感到安全和温暖。如此，看上去真实的白昼奇境其实是真实的生活文本。

白昼奇境也镶嵌了象征、隐喻、历史和神话以及符号

白昼奇境的入口，有一个被 16 株红枫所环抱的水墨园。50 吨黑山石有如墨迹在白色梦境中暗示了本地作为江南的历史、地理以及文化的一丝痕迹。

白昼奇境的眼睛是从水墨园进入暗示未来的森林前的一个深蓝色但光线泠泠的山洞。在这个眼睛的停顿的瞬间里，你们会明白无论生活有多少不确定，但至少这个瞬间是坚定和幸福的，是希望。

在白昼奇境里你们可以像爱丽丝吃了缩小药那样。脆弱的三叶草成为参天大树，成为森林。变形后的你们可以重新认识自己的身体，并强化它们。

白昼奇境也是可以阅读的，在地面上镶嵌着代表不同场景的符号，这些抽象的图案其实是专门为这钢铁花园设计的文字。你们可以依据这些文字更深入地解读梦境的语言。

水墨园

白昼奇境里的时间是被减慢的。要知道在我们如今的世界被精确的计时器所定义的情况下，每个人对于无法避免地走向终局始终有个读秒的紧迫感和焦虑。我们流连于微小但此起彼伏的梦境里时，白昼奇境所减慢的时间的现实意义就突显出来了。不过在白昼奇境里还蕴含更高级的时间观。充满温情地赞叹细微的瞬间的当下之美，饶有趣味地欣赏生命轮回带来的满意。轮回是当代人已经不相信的一种时间观，但观念所构筑的身后世界成为生命互动的下句，彼此轮回交替让生命不再恐惧于单一终点。最后，这时间观贡献出中国人最重要的生活经验——生机。

白昼奇境从空中看的轮廓就是一个无限大的符号。梦可以无限大，希望也可以无限大。人们一定要明白有些东西的暂时性存在比如白昼奇境也许仅仅是为了目睹某个想法变成现实而带来的乐趣和幸福。短暂，转瞬即逝然而又自相矛盾在白昼奇境在这个场所里具有了更永恒的意味。它不仅仅是梦想，其实也是关于更美好生活的一个神圣空间。

当白昼奇境边界连续的灯柱在夜色点亮后，任何人都会即刻明白这个充满隐喻和象征意义的场所比建筑所呈现的形式更为深刻。

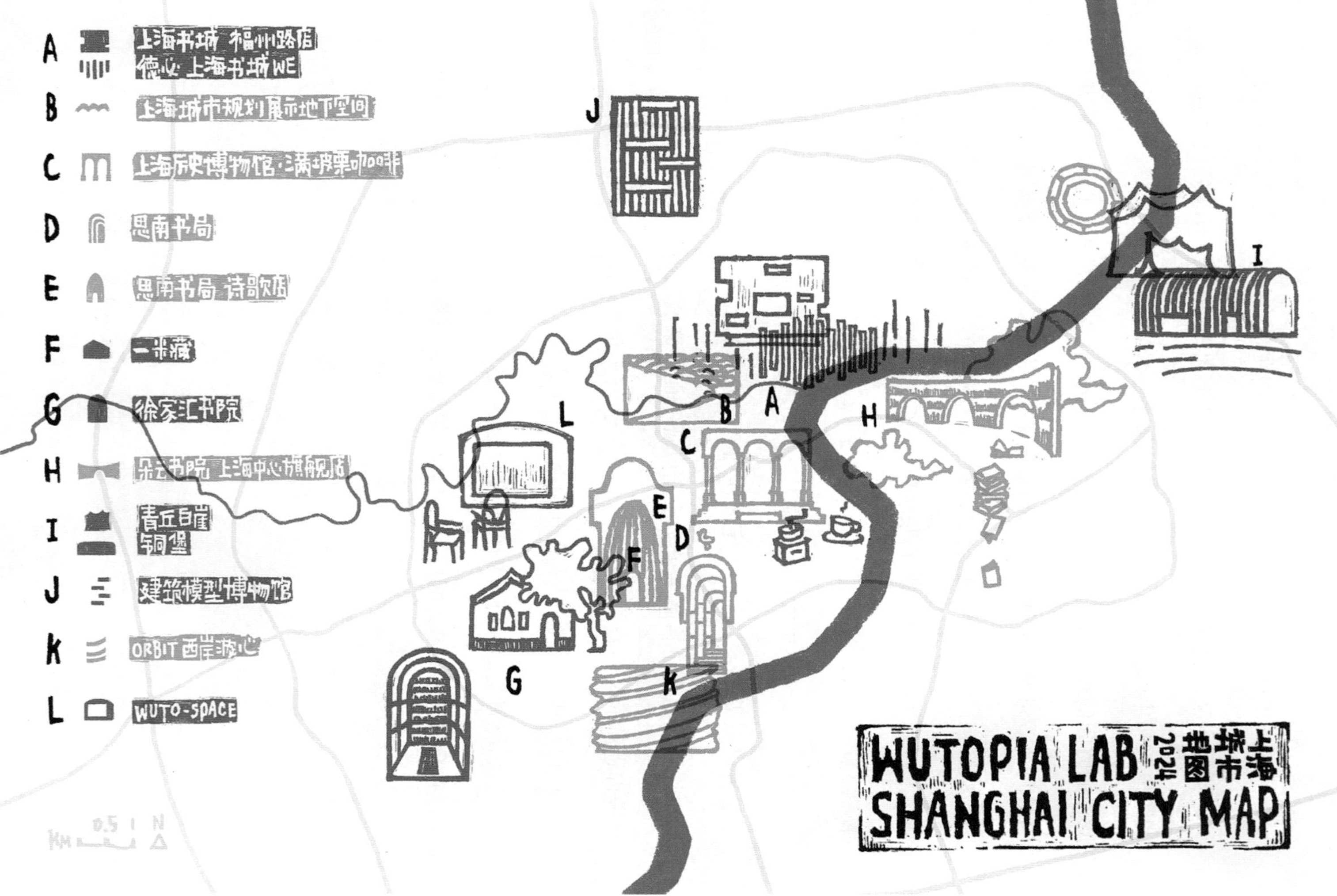

上海城市游览地图　况舟 绘